D1666874

Donatella Di Cesare

SOUVERÄNES VIRUS?

Die Atemnot des Kapitalismus

Aus dem Italienischen übersetzt

von Daniel Creutz

Konstanz University Press

DONATELLA DI CESARE lehrt Theoretische Philosophie an der Universität »La Sapienza« in Rom. Als eine der wichtigsten Stimmen unter den italienischen Intellektuellen schreibt sie für zahlreiche Zeitungen und Zeitschriften in Italien und im Ausland.

Die italienische Ausgabe erschien unter dem Titel
Virus sovrano? L'asfissia capitalistica

Bibliographische Information der Deutschen Nationalbibliothek

Die Deutsche Nationalbibliothek verzeichnet diese Publikation in der Deutschen Nationalbibliografie; detaillierte bibliografische Daten sind im Internet über http://dnb.d-nb.de abrufbar.

www.k-up.de | www.wallstein-verlag.de
Konstanz University Press ist ein Imprint der Wallstein Verlag GmbH

Vom Verlag gesetzt aus der Chaparral Pro
Einbandgestaltung: Eddy Decembrino, Konstanz
Druck und Verarbeitung: Hubert & Co, Göttingen
ISBN 978-3-8353-9132-1

Die Krise könnte durch ein unvorhergesehenes Ereignis ausgelöst werden [...]. Mit einem Mal könnte vielen klar werden, was heute nur wenige erkennen, nämlich dass die Ausrichtung der gesamten Ökonomie auf das »bessere« Leben das gute Leben unmöglich gemacht hat.

Ivan Illich, *Selbstbegrenzung*

Atemlos vor gespannter Wachsamkeit, atemlos vor Beklommenheit im unatembaren Nachtglast.

Hermann Broch, *Der Tod des Vergil*

Glanz, der nicht trösten will, Glanz.
Die Toten – sie betteln noch, Franz.

Paul Celan, *Assisi*

Inhalt

Das kommende Übel

Seit langem schon lag es in der Luft. Aber viele haben einfach weitergemacht und darüber hinweggesehen, ungläubig, misstrauisch oder einfach aus Resignation. Dann ist plötzlich alles zum Stillstand gekommen – so, wie ein abgenutzter Mechanismus ausfällt, der sich allzu oft um sich selbst gedreht hat. Eine geisterhafte Stille breitete sich aus, die nur vom durchdringenden Heulen der Sirenen zerrissen wird.

Trotz der sonnigen Strahlen, die im Frühling die Straßen färben, ist jetzt alles von düsterem Erstaunen durchdrungen. Die Tische der Cafés sind verschwunden, die Stimmen der Studenten verklungen. Auf dem gedämpften Asphalt gleiten Busse schnell vorüber, Spuren der fiebrigen Welt von vorher, diskordante Klänge.

Jeder beäugt den Nächsten, von einem Fenster zum anderen. Auf dem Bürgersteig gehen zwei Bekannte im spontanen Impuls aufeinander zu, doch die Begrüßung wandelt sich zu einem bitteren Wink, der den anderen zurückhält und zu Abstand mahnt.

Die Ewige Stadt hält nach Jahrhunderten unausgesetzten geschichtlichen Treibens den Atem an; in bestürzter Apnoe, in ängstlicher Erwartung.

Wir stehen vor einem epochalen Ereignis, das ein Vorher und ein Nachher markiert und schon jetzt das 21. Jahrhundert verändert hat – und sogar die Art, es zu betrachten. Verunsichert und verblüfft wiederholen etliche Beobachter, dass es vollkommen »beispiellos« sei. Und es scheint durchaus angemessen, die vom Coronavirus ausgelöste Pandemie so zu beschreiben. Ein Ereignis ist jedoch bekanntlich nie ein Unikum, schon allein deshalb nicht, weil es sich in das Gewebe der Geschichte einfügt. In diesem Fall aber klingen Vergleiche mit den Geschehnissen auch der jüngeren Vergangenheit wenig stimmig, ja schief. Das 19. Jahrhundert scheint sich mit einem Mal so weit wie nie zuvor entfernt zu haben. Wer aus jenem Jahrhundert stammende Linsen verwendet, um die Zeitläufte zu entziffern, läuft deshalb Gefahr, geblendet zu werden.

Wie könnte man aber einen weniger weit zurückliegenden Schock wie den des 11. Septembers außer Acht lassen? Dieser Vergleich ist tatsächlich bereits angestellt worden. Mit dem Einsturz der Zwillingstürme, einem Terrorakt, der auf der ganzen Welt live und in Echtzeit verfolgt wurde, begann im Jahr 2001 das Dritte Jahrtausend. Die Unterschiede sind jedoch offensichtlich. Diesem ersten globalen Ereignis, das für viele ein bestürzendes Drama bedeutete, wohnte man aus der Ferne, durch den Fernsehschirm gefiltert bei. Aufgrund der nicht selten als Spektakel präsentierten Bilder erhoben sich Fragen nach dem »Leid der anderen«, während die vom »Krieg gegen den Terror« sowie vom anhebenden Ausnahmezustand aufgeworfenen politischen Probleme über lange Zeit hinweg Gegenstand der Debatten blieben. Jener Einsturz bedeutete jedoch keinen wirklichen Einschnitt in den Gang der Geschichte, in die Aufeinanderfolge der Jahrzehnte von der Nachkriegszeit bis heute, die noch immer von Vertrauen in den Fortschritt geprägt und weiterhin dem anwachsenden Wohlstand verschrieben waren.

Unsichtbar, ungreifbar, ätherisch und beinahe abstrakt fällt das Coronavirus über unsere Körper her. Jetzt sind wir keine Zuschauer mehr – wir sind Opfer. Niemand kann sich davor retten. Der Angriff erfolgt aus der Luft. Heimtückisch zielt das Virus auf den Atem ab, raubt diesen und führt zu einem grauenvollen Tod. Es ist das Virus der Asphyxie, eine Atemkatastrophe.

Das kommende Übel ist ein mörderisches Biovirus, ein katastrophischer Keim. Dieses Mal handelt es sich jedoch nicht um eine Metapher. Es erkrankt der physische Körper – der ausgezehrte Körper der Menschheit, ein nervöser und ermüdeter Organismus, der seit Jahren einer unerträglichen Spannung und extremen Erregung ausgesetzt ist. Bis hin zum Atemstillstand. Vielleicht ist es kein Zufall, dass das Virus in den Luftwegen wuchert, durch die der Hauch des Lebens streift. Der Körper entzieht sich dem beschleunigten Rhythmus, hält nicht mehr stand, gibt nach, kommt zum Stillstand, erliegt.

Ist dies nun das lange befürchtete künftige Unglück? Jedwede Diagnose wäre verfrüht. Man wird jedoch zu der Annahme verleitet, dass es sich nicht um einen Zwischenfall oder um eine nebensächliche Episode handelt, sondern um ein verhängnisvolles Ereignis, das in das Innerste des Systems einbricht. Wir erleben nicht nur eine Krise, sondern eine Katastrophe in Zeitlupe. Das Virus hat das Laufwerk gestoppt. Wir sehen eine planetarische Konvulsion, einen Krampf, der von der fiebrigen Virulenz, der Beschleunigung um ihrer selbst willen erzeugt wurde, die jetzt unerbittlich den Trägheitspunkt erreicht hat. Wir wohnen einer Tetanisierung der Welt bei. Das Coronavirus hat keine Revolution entfesselt, wie man vielleicht glauben mag, sondern eine Involution. Was nicht heißen soll, dass dieser plötzliche Halt nicht auch eine Pause der Reflexion, ein Intervall vor einem neuen Anfang bedeuten könnte. Was sich jedoch in aller Deutlichkeit zeigt, ist die Irreversibilität der Ereignisse.

Es lässt sich indes der Wunsch nach Veränderung nicht verbergen, der in den letzten Jahren aufgrund eines ungerechten, perversen und veralteten Wirtschaftssystems angewachsen ist, dessen Auswirkungen Hunger und soziale Ungleichheit, Krieg und Terror, der klimatische Kollaps des Planeten und die Erschöpfung der Ressourcen sind. Jetzt aber erschüttert ein Virus die Welt. Und mithin nicht das Ereignis, das man erwartete – und das im unablässigen Gewittersturm und zwischen den Trümmern des Fortschritts die Notbremse der Geschichte hätte ziehen sollen.

Das unvorhergesehene Virus hat die Alternativlosigkeit des Immergleichen suspendiert und ein Wachstum unterbrochen, das in der Zwischenzeit zu einer unkontrollierbaren Wucherung ohne jedes Maß und Ziel geworden ist. Jede Krise birgt stets auch die Möglichkeit einer Befreiung. Wird das Signal gehört werden? Wird die gewaltsame Epidemie auch als Chance zur Veränderung ergriffen werden? Das Coronavirus hat die Körper dem Getriebe der Ökonomie entzogen. Entsetzlich tödlich, aber doch auch vital. Zum ersten Mal ist die Krise außersystemisch; doch es ist keinesfalls gesagt, dass das Kapital nicht auch daraus Profit zu schlagen weiß. Wenn auch nichts mehr sein wird wie zuvor, könnte doch noch alles ins Irreparable abgleiten. Die Bremse ist gezogen – der Rest liegt bei uns.

Zwischen Kalkül und Prognose: Das »Ende der Welt«

Wie es scheint, war die Epidemie nicht völlig unvorhersehbar. In den letzten fünf Jahren wurde sie sogar mehrmals angekündigt – und ich spreche hier weder von Science-Fiction-Szenarien noch von eschatologischen Visionen. Bereits 2017 wies die WHO (Weltgesundheitsorganisation) darauf hin, dass eine Pandemie unmittelbar bevorstehe, nur mehr eine Frage der Zeit sei, und es handelte sich dabei keineswegs um eine abstrakte Hypothese. Im September 2019 schrieb ein aus Experten der Weltbank und der WHO zusammengesetztes Team des Global Preparedness Monitoring Board: »Die Gefahr einer globalen Pandemie ist real. Ein sich schnell ausbreitender Erreger besitzt das Potenzial, viele Millionen Menschen zu töten, die Ökonomie zu erschüttern und die nationale Sicherheit zu destabilisieren«.

Wie konnte diese Warnung ungehört verklingen? Eher noch an die Wissenschaft als an die Politik richtet sich diese Frage. Der Verdacht liegt nahe, dass der akademische Kapitalismus der Forschung nicht zum Nutzen gereicht. Man bietet Erkenntnisse an, liefert Hinweise und entwirft mögliche Szenarien, doch die ganze Forschung verbleibt in den Regierungsbibliotheken und in den Schränken der Ministerien. Die Mühsal der Wissenschaftler reduziert sich schließlich auf unnützes literarisches Schrifttum.

Auch die außerhalb der Wissenschaft rezipierten Re-

sultate laufen Gefahr, aufgrund mangelnder Zusammenarbeit wirkungslos zu bleiben. Es gibt ein internationales Abkommen, das 2005 unter der Federführung der WHO abgeschlossen, dann aber nicht angewandt wurde. Ungeachtet der wiederholten Mahnungen verfolgte ein jeder Staat weiterhin hartnäckig die – oftmals konfuse und zusammengeschusterte – eigene Politik und machte glauben, dass das Virus ein Problem der anderen sei. Das ging so weit – etwa bei Trump und Bolsonaro –, die Gefahr bis zum letztmöglichen Augenblick in Abrede zu stellen.

Man könnte sagen, dass die von Covid-19 ausgelöste globale Epidemie das dritte große Ereignis des 21. Jahrhunderts darstellt. Nach dem terroristischen Angriff vom 11. September dürfen wir die gravierende Finanz- und Kreditkrise von 2008 nicht vergessen, die durch eine Immobilienkrise ausgelöst wurde und durch Mechanismen der Ansteckung über die Jahre zu einer globalen Rezession und zu maßloser Verschuldung geführt hat. Die Ähnlichkeiten zwischen Finanz- und Gesundheitskrise sind zahlreich. Auch das Finanzwesen besitzt seine Viren. Doch jenseits aller Metaphern entsteht Covid-19 im Körper und stoppt das kapitalistische Getriebe von außen. Es besteht aber dennoch ein enger Zusammenhang zwischen jener Konjunktur und dieser. Eine Krise verweist auf die andere, mehr noch: kündete sie in einer Art von ununterbrochener Katastrophenkette an und bereitete sie vor.

Der Anbruch des dritten Jahrtausends ist von einer gewaltigen Schwierigkeit gekennzeichnet, sich die Zukunft vorzustellen. Man befürchtet das Schlimmste. Es gibt keine Erwartungen im Hinblick auf das Zukünftige, keine Öffnung auf es hin. Die Zukunft erscheint verschlossen und bestenfalls dazu bestimmt, die Vergangenheit zu reproduzieren und sie in einer Gegenwart zu wiederholen, die die Züge einer vorzeitigen Zukunft trägt.

Nicht zufällig vervielfachen sich die Sondierungen, Mutmaßungen und Vorhersagen in einem verschärften Rhythmus. Darin ist der Wille zu sehen, die »schlimmste Zukunft« zu beherrschen und sie durch Kalkül zu kontrollieren. Das ist das Signum und Kennzeichen unserer Zeit, der die kommende als Bedrohung erscheint, die durch den verschmutzten Himmel hereinbricht. Was vorherrscht, ist angsterfüllte Erwartung, die mit Besorgnis überladen ist.

Das »Ende«, schrecklich und unergründlich, hat die Welt über Jahrhunderte hinweg erschüttert. Doch heute kommt diesem Ende eine reale Bedeutung zu. Es handelt sich nicht mehr nur um das »Ende der Geschichte«, um jene makabre neoliberale Prophezeiung, die ihr *there is no alternative!* – zur erbarmungslosen Ökonomie des Kapitals gibt es keine Alternative – in den letzten Jahrzehnten wiederholt hat, wo es nur ging.

Das »Ende der Welt« wird als eine Selbstverständlichkeit gehandelt, insbesondere von den empirischen Wissenschaften: von Klimatologie, Geophysik, Ozeanographie, Biochemie und Ökologie. Aber auch an den unzähligen Hinweisen von Philosophen und Anthropologen kommt man nicht mehr vorbei. Déborah Danowski und Eduardo Viveiros de Castro haben in ihrem 2014 erschienenen Buch *In welcher Welt leben?* die Ängste vor dem »Ende« untersucht. Insbesondere waren es aber zwei Frauen, Isabelle Stengers und Donna Haraway, die vom Widerstand in den »katastrophischen Zeiten« der kapitalistischen Zerstörung und vom Überleben auf einem »infizierten Planeten« sprachen.

Das letzte Zeitalter hat Günther Anders diese Epoche des Endes genannt – der Philosoph, der wahrscheinlich deutlicher als jeder andere die Vernichtung der Menschheit voraussagte und eine kraftvolle Mahnung gegen jenen Selbstmord formulierte, der sich schon damals unausweichlich am Horizont abzuzeichnen begann. Seit den Jahren der unmittelbaren Nachkriegszeit, in denen Anders schrieb, hat sich daran nur sehr wenig geändert. Vom nuklearen Winter ist man zur globalen Erwärmung übergegangen. Ansonsten aber konnte der Wettlauf in das ökologische Desaster trotz aller gesteigerten Bewusstwerdung nicht gestoppt werden.

Dies jedoch ist vielleicht neu: Das Bevorstehen des Endes trägt für uns, die wir im dritten Jahrtausend leben, einen geschichtlichen und nicht mehr nur einen kosmologischen Zug. Die geschichtliche Gewissheit vom Ende verleiht einem Zeitalter seine Klangfarbe, das sich in ein apokalyptisches Szenarium hinein entwirft, in dem es an theologischen Resonanzen und politischen Versprechen fehlt. Die Apokalypse zeichnet sich in der vollkommen weltlich und wissenschaftlich gewordenen Moderne ab. Das kommende Übel kündet sich im Fortschreiten einer Menschheit an, die inzwischen gegen die eigene Selbstzerstörung kämpft.

Die Vorstellung bricht sich Bahn, dass der Tod des Einzelnen mit dem Ende der Welt zusammenfallen könnte. Nichts mehr bliebe danach, weder die Erinnerung der anderen oder ein geteiltes Gedächtnis noch Hinterlassenschaft oder Erbe. Alles wäre vergebens gewesen. Alles, was die Menschheit in Jahrhunderten und Jahrtausenden aufgebaut hat, hörte für immer auf, in einer Vernichtung, die weit mehr ist als ein einfaches Aussterben. In den verschiedenen Millenarismen der Vergangenheit konnte man zwischen Glaubensvorstellungen, Erwartungen und Delirien noch vom Ende der Zeiten phantasieren. Wir sind heute die Ersten, die an das Ende glauben *müssen* – ohne dass uns dies gelänge. Wir sind die Ersten, die denken müssen, womöglich die Letzten gewesen zu sein.

Die Idee des Fortschritts verblasst, aber es verschwindet auch die Zuversicht, den Lauf der Ereignisse beeinflussen, das Unvermeidliche doch noch vermeiden und die menschlichen Geschicke verbessern zu können. Es scheint, als gäbe es keine Befreiung mehr, keine Wiedergutmachung und keine Rettung. Die Hoffnung scheint dazu verurteilt, toter Buchstabe zu bleiben. Das in der Gegenwart erlittene Leid findet kein Versprechen auf Wiedergutmachung in einer kommenden Gerechtigkeit mehr. Alles erweist sich als heillos unrettbar. Gerade weil die Geschichte an Sinn verliert, erzählt jede Existenz ihre eigene Geschichte, zerstreut und abgetrennt in ihrem singulären und unentzifferbaren Schicksal. Infolgedessen wird es unmöglich, die eigene Niederlage innerhalb einer Geschichte zu lesen, über deren Ausgang noch zu entscheiden ist, und das eigene Leben als einen Beitrag zur Errichtung einer anderen Welt zu sehen, etwa derjenigen der himmlischen Seligkeit oder der irdischen Gerechtigkeit in einer klassenlosen Gesellschaft. Wenn überhaupt, hinterlassen wir eine schlechtere Welt, in welcher der atavistische Pakt zwischen den Generationen gebrochen wird: Die Väter machen ihren Kindern Vorwürfe, die ihrerseits ihre Väter anklagen.

Das aber ist die Privatisierung der Zukunft, die zur Quelle nicht nur von Angst, sondern auch von weit verbreiteter Gewalt wird. Die Existenz ist auf die Zeitspanne ihres rein physischen Lebens verwiesen und auf die eigene Biographie zurückgeworfen, in der sich all ihre Erwartungen konzentrieren. Genau deshalb stellt der Körper, in dem sich bis zuletzt der Kampf gegen die Grenze des Todes abspielt, einen derart entscheidenden Wert dar. So wie Schmerz, Krankheit und Alter unerträglich werden, stellen Lust, Freundschaft und Liebe einmalige Gaben dar, die der Trauer um die Katastrophe entrissen werden, punktuelle und diskontinuierliche Momente einer Gegenwart, die das Selbst in seinem unaufhörlichen Kampf gegen die anderen gewinnbringend einsetzen kann. Ein jeder kultiviert die eigene, individuelle Utopie, eine Chimäre aus Erfolg, Reichtum und Ansehen. Die meisten aber sind dem Schiffbruch geweiht. Wie sollten sich diese vorschnellen Versprechungen erfüllen lassen? Wie diese narzisstischen Phantastereien sich in Übereinstimmung mit der Wirklichkeit bringen lassen? Entbehrungen und Opfer, die nur schwer zu ertragen sind, weil sie nicht in einer gemeinschaftlichen historischen Perspektive gelesen werden können, führen zu Erniedrigung, Frustration und blinder Wut.

Hier lässt sich das Debakel der Politik mit Händen greifen, die – völlig schwunglos und auf eine Gegenwart ohne Morgen konzentriert – von Notfall zu Notfall fortschreitet, den Ereignissen nachzukommen und ihre Welle zu reiten versucht. Verantwortungslosigkeit, das heißt das Fehlen einer an die zukünftigen Generationen gerichteten Antwort, scheint ihren eigentümlichen Zug auszumachen.

Das angekündigte Desaster verstärkt die Ohnmacht. Ist es schon zu spät? Diese allseitige Alarmierung verrät – wer weiß – womöglich einen verfrühten Katastrophismus. Wird nicht gerade die Wissenschaft in der letzten Minute eine Überraschung für uns bereithalten? Vielleicht. Doch die Funktionsweise der technisch-wissenschaftlichen Zivilisation mit ihren Standards des Wohlstands und ihren Maßstäben der Prosperität lässt (ohne diese neu zu denken) keinen allzu großen Spielraum für Illusionen.

Die Atemnot des Kapitalismus

Es musste ein bösartiges Virus auftreten, um eine Pause durchzusetzen. Nicht sogleich auf dieses bizarre und tragische Paradox zu stoßen, ist unmöglich: Wir holen Luft, atmen ein wenig durch, aber nur aufgrund der unmittelbaren Gefahr, denn Covid-19 – das Virus der Asphyxie – droht damit, uns den Atem zu rauben.

Man weiß nicht mehr, was »Ruhe« bedeutet, diese intensive »Auszeit«, die für uns dem Schlummer des Schlafes oder sogar dem ewigen Schlaf des Todes allzu ähnlich geworden ist. Nicht umsonst heißt es: »Ruhe in Frieden!«. Womöglich auch aufgrund dieser Nähe ruft Ruhe Angst und Beklemmung hervor. Das Virus erinnert uns nicht zuletzt auch daran.

Auf einmal nimmt der Atem eine bislang unbekannte Bedeutung an. Allerorten ist von Beatmung und Sauerstoff die Rede. Während die Luftverschmutzung in den Städten zurückgeht, bekämpfen Ärzte und Krankenschwestern auf den Intensivstationen der Krankenhäuser Tag für Tag die tödliche und irreparable Atemnot. Nach allem, was geschehen ist, sollte der Atem keine Selbstverständlichkeit mehr sein.

Das verlangsamende Virus hat über die Beschleunigung gesiegt. Vorübergehend – so ist zu hoffen. Die von ihm auferlegte Unterbrechung trägt nicht die Farben des Festes, sondern die traurigen und trüben Züge eines

Epilogs. Und doch tritt in dieser erzwungenen Pause die Verirrung der Raserei von Gestern zu Tage – die ganze Unruhe, Hyperaktivität und Kurzatmigkeit.

Zeitliche Atemnot ist das dunkle Übel dieser Jahre. Das Gefühl von Unzulänglichkeit, Angst und Panik überfallen eine Existenz, die zur Furcht vor dem nächsten Augenblick verdammt ist, der, während er noch kurz bevorsteht, bereits entschwunden ist. Nicht nur gelingt es uns nicht, stehenzubleiben und innezuhalten. Mehr noch: Uns gelingt es nicht, in der Zeit zu verweilen, in der wir keine Bleibe mehr finden. Alle Momente sind nunmehr unbewohnbar geworden.

Die Zeit scheint bereits aufgebraucht, bevor sie uns überhaupt eingeräumt wird. Wir befinden uns auf einer Rolltreppe, die immer schneller abwärts gleitet. Und wir rennen weiter aufwärts, um dem Abgrund zu entgehen. Improvisierte und fiktive Fluchten, private Revolten oder kleine Boykotts, die oft teuer bezahlt werden müssen, helfen da wenig. Die Oasen der Entschleunigung und die Strategien der Verlangsamung sind nur ein kurzzeitig wirkendes Palliativ.

Im Zeitalter des Spätkapitalismus kann sich keiner der Zeitökonomie entziehen. Scheinbar sind wir frei und souverän. Bei genauerem Hinsehen aber führen der Imperativ des Wachstums, die Pflicht zur Produktion und die Obsession des Ertrags dazu, dass Freiheit und Zwang schließlich hinter unserem Rücken zusammenfallen. Wir leben in einer zwanghaften Freiheit oder in einem freien Zwang. Andernfalls könnten wir die alltäglichen Herausforderungen nicht meistern, die uns erschöpft und atemlos zurücklassen. Wenn wir abends ein vages Schuldgefühl verspüren, dann sicherlich nicht aufgrund der übertretenen ethischen Gesetze oder der verletzten religiösen Gebote, sondern weil wir nicht Schritt gehalten haben und dem zuckenden, auf Hochgeschwindigkeit getrimmten Herzschlag der Welt nicht nachgekommen sind.

Schnelligkeit wird zu Stillstand, Beschleunigung endet in Trägheit. In der rasenden Pattsituation wächst die Gefahr. Während die Eliten die Normen der Beschleunigung verinnerlicht haben, werden den Arbeitern weiter entfremdende Rhythmen aufgezwungen – und auf den Arbeitslosen lastet der Ausschluss. Die Kontrolle über die Beschleunigungsmaschine scheint jedoch für immer verloren.

Bremsen, Sabotage? Wie lässt sich dieser irrsinnig leere Lauf unterbrechen und der selbstzerstörerische Sprung vermeiden? Wie lässt sich das unheilvolle Getriebe anhalten, das unsere Zeit vampirisiert und unsere Leben zerstört?

Das kommende Übel ist – schaut man genauer hin – längst schon über uns gekommen. Man musste blind sein, die vor der Tür stehende Katastrophe nicht zu sehen, die maliziöse Geschwindigkeit des Kapitalismus nicht wahrzunehmen, die nicht über sich hinauszugehen vermag, nicht mehr weiter kann, und einen in ihre verheerende Spirale, in ihren kompulsiven und atemlosen Strudel hineinzieht.

Allmacht und Verletzlichkeit

Zum ersten Mal hat ein unsichtbares und unbekanntes, beinahe immaterielles Wesen die gesamte menschliche Zivilisation der Technik paralysiert. Das war im planetarischen Maßstab noch nie zuvor geschehen. Alte Dogmen wurden pulverisiert, feste Gewissheiten zutiefst erschüttert. Alles hat sich schon jetzt verändert: wirtschaftliche Axiome, geopolitische Gleichgewichte, Lebensformen, soziale Realitäten. Die epochale Transformation erzeugt gerade deshalb Angst, weil sie eine regelrechte Umkehr der Perspektiven bedeutet. Bis gestern noch konnten wir uns als allmächtig zwischen den Trümmern ansehen, als die Ersten und Einzigen auch im Primat der Zerstörung. Dieser Primat wurde uns von einer Macht genommen, die stärker ist als die unsrige und noch zerstörerischer. Dass es sich dabei um ein Virus handelt, einen niederen Teil organisierter Materie, macht das Ereignis nur umso traumatischer. Auch die kleinste Kreatur kann uns entthronen, absetzen, verdrängen. Wer weiß, vielleicht schlägt das Leben auf dem Planeten eine neue Richtung ein. Inzwischen müssen wir anerkennen, dass wir nicht so allmächtig sind wie angenommen. Im Gegenteil, wir sind extrem verletzlich.

Weder göttliche Strafe noch Rache der Geschichte – es ist schwer, die Pandemie nicht als Konsequenz kurzsichtiger und verheerender ökologischer Entscheidungen anzusehen. Die Erde wurde wie eine riesige Deponie behandelt, wie eine Halde für Müll und Abfälle, als ein Trümmerhaufen. Man kann jedoch nicht den Planeten retten, ohne die Welt zu verändern. Die Ökologie selbst, die sich noch nicht von patriarchalischen Begriffen befreit hat und die Erde als *oîkos*, als die häusliche Lebenssphäre, betrachtet, wird sich radikal wandeln müssen. Der Zusammenhang von Ökologie und Ökonomie ist offensichtlich. Der ökologische Kollaps ist das Produkt des Kapitalismus. Die Verschmelzung von Technoökonomie und Biosphäre steht uns allen vor Augen – wie auch ihre tödlichen Resultate. Anthropozän wird das Erdzeitalter genannt, das von der menschlichen Beherrschung, unter der die Natur unwiederbringlich erodiert, konditioniert wird. Doch dieser gewaltsame Prozess wäre ohne die Glut des Kapitals nicht möglich gewesen. Deshalb ist eine andere Art und Weise, die Erde zu bewohnen, ohne Abschied von der weltumspannenden Ökonomie der Schuld undenkbar.

Der kapitalistische Realismus hat jeden auf Vorstellungskraft beruhenden Widerstandsherd erstickt, indem er dieses System als den letzten Horizont verkauft. Mauern wurden errichtet und verstärkt, um jedwede andere Möglichkeit zu verdecken. Wir lebten in der asphyktischen Gegenwart eines fensterlosen Globus, der sich gegen alles zu immunisieren strebte, was außerhalb davon, darüber und anders ist. Abschließung herrschte vor, der immunitäre Trieb gewann die Oberhand, der unbedingte Wille, unberührt und unversehrt zu bleiben. Xenophobie, die Angst vor dem Fremden, und Exophobie, die abgründige Angst vor allem, was äußerlich ist, stellen dessen unvermeidliche Kollateralschäden dar. Der Zukunft zuvorkommen, um sie zu vermeiden – unter diesem Regime einer Präventivpolizei, das zu permanenter Alarmierung und erschöpfter Trägheit verdammt, ist jegliche Veränderung exorziert worden.

Die Pandemie lässt all dies deutlich zutage treten und offenbart unsere Identitätskrankheit. Auf den letzten Seiten seines Anfang dieses Jahres erschienenen Buches *Métamorphoses* bestimmt Emanuele Coccia das Virus als eine Kraft der Transformation, da es frei von Körper zu Körper zirkuliert, ansteckt, verändert. Es ist unmöglich, der viralen Metamorphose aus dem Weg zu gehen, außer man schützte sich vor dem Leben selbst. Wir sind nicht mehr die gleichen wie gestern; unser Fleisch hört nicht auf zu mutieren. Jeder von uns trägt die Zeichen anderer Formen in sich, die das Leben durchdrungen und durchquert hat. So gesehen ist der Anspruch, sich nicht infizieren zu lassen, aussichtslos.

Ohne sich zu Verteidigern des Virus aufzuschwingen oder in seinem Namen sprechen zu wollen, hat man dessen transformatorisches Vermögen ins Auge zu fassen, das sogar dazu in der Lage ist, das Angesicht des Planeten zu verändern und gerade deshalb verängstigt und erschreckt. Wie Jean Baudrillard vor Jahren schrieb, ist das Virus der »böse Geist der Andersheit«. In diesem Sinne stellt er das Schlimmste und das Beste zugleich dar: tödliche Infektion und vitale Ansteckung. In seiner radikalen Inhumanität ist er das vollkommen unbekannte Andere, das dennoch nicht von uns verschieden ist.

Das Virus bildet das äußerste Anzeichen und dunkle Symptom jener Identitätskrankheit, die akut an den Orten klimatisierter und gereinigter Luft hervorbricht, in den aseptischen Räumen künstlicher Immunität, aus denen der Andere vertrieben wurde, und das Selbst, das diese vor jeglicher Fremdheit geschützt bewohnen wollte, beginnt sich selbst zu verschlingen. Die Antikörper, die es hätten schützen sollen, wenden sich gegen es. Sodann verbreiten sich rätselhafte Pathologien und unwägbare Störungen, die aus der Desinfektion aufkeimen. Überbeschützt und wehrlos entdeckt das Selbst, auf dramatische Weise verletzlich zu sein. Es ist die Abwesenheit des Anderen, seine Auslöschung, die die ungreifbare Andersheit des Virus absondert und hervorbringt.

Der Krieg der Staaten gegen die Migranten, jene immunitäre Logik des Ausschlusses, erscheint heute in ihrer ganzen lächerlichen Rohheit. Nichts hat uns vor dem Coronavirus bewahrt, auch nicht die patriotischen Mauern oder die protzigen und gewalttätigen Grenzen der Souveränisten. Die Pandemie zeigt die Unmöglichkeit, sich zu retten – wenn nicht durch wechselseitige Hilfe.

Gerade daher sollte dieses Ereignis den Anlass dafür liefern, das Wohnen neu zu denken, das kein Synonym von Haben oder Besitzen ist, sondern von Sein, von Existieren. Es bedeutet nicht, in der Erde verwurzelt zu sein, sondern in der gemeinsamen Luft zu atmen. Das haben wir vergessen. Existieren heißt Atmen. Es ist die Existenz, die hervortritt, sich dezentriert, migriert, den Atem der Welt einatmet und ausatmet, ihn aus sich hinaus versetzt, darein eintaucht und daraus wieder hervortaucht und so an der Migration und der Transformation des Lebens teilhat. Das soll nicht heißen, in den Kosmos abzudriften. Der wiederkehrende Atem, diese rhythmische Bewegung, die unser In-der-Welt-sein skandiert, deutet darauf hin, dass wir alle Fremdlinge, zeitweise Gäste, wechselseitig aufeinander verwiesene Migranten sind, ansässige Fremde.

Das Virus hat unseren Atem angegriffen, als die Identitätskrankheit schon seit langem ausgebrochen war. Es hat unsere Verletzlichkeit bloßgelegt. Auf einmal entdeckten wir, ausgesetzt zu sein – und nicht etwa undurchlässig, resistent und immun. Und doch bedeutet Verletzlichkeit nicht Mangel oder Entzug. Judith Butler hat zu Recht dazu aufgefordert, sie als eine Ressource zu interpretieren, und gerade in der Trauer um den Tod eines anderen die Erfahrung ausgemacht, die zutiefst verstört, das souveräne Ich erschüttert und durcheinanderbringt. Womöglich müsste eine neue Politik der Verletzlichkeit vom Verlust des Anderen und der damit verbundenen kollektiven Trauer ausgehen.

Ausnahmezustand und souveränes Virus

Das Coronavirus hat seinen Namen von der es umgebenden charakteristischen Krone oder Aureole erhalten – eine beeindruckende und furchterregende Aureole, eine mächtige Krone. Bis in seinen Namen hinein handelt es sich um ein souveränes Virus. Es entweicht, entschlüpft, überschreitet Grenzen, zieht weiter. Es verspottet den Souveränismus, der sich noch einbildete, es auf groteske Weise wie Luft behandeln oder gar seinen Vorteil daraus schlagen zu können. Und es ist zum Namen einer unregierbaren Katastrophe geworden, die allerorten die Grenzen einer auf technische Verwaltung reduzierten politischen Governance aufgedeckt hat. Denn der Kapitalismus – so viel wissen wir – ist keine Naturkatastrophe.

Ist von »Ausnahmezustand« die Rede, denkt man sogleich an die Theoretisierung, der Giorgio Agamben in seinem breit rezipierten Buch *Homo sacer. Die souveräne Macht und das nackte Leben* von 1995 diese Formel unterzogen hat. Die politische Philosophie ist in ihren Perspektiven und Begriffen verwandelt daraus hervorgegangen. Die Ausnahme stellt ein Regierungsparadigma auch der post-totalitären Demokratie dar – die damit eine beunruhigende Verbindung zur Vergangenheit aufrechterhält. In der Tat kommt man nicht umhin, die im Zeichen des Notfalls erlassenen Verordnungen in den Blick zu nehmen, die zahlreichen Dekrete, die einen Ausnahmefall hätten darstellen sollen und stattdessen zur Norm geworden sind. Die Exekutivgewalt überwuchert die Legislative und die Judikative; das Parlament wird zunehmend entmachtet. Nur schwerlich wird man mit dieser Ansicht, die die inzwischen eingespielte alltägliche politische Praxis beschreibt, nicht übereinstimmen können.

Im Rahmen der Darlegung seiner Position griff Agamben die Formulierung des umstrittenen deutschen Staatsrechtlers Carl Schmitt auf: »Souverän ist, wer über den Ausnahmezustand entscheidet«. Er verfolgte parallel dazu jedoch auch die Thesen Michel Foucaults und Hannah Arendts weiter. Beide reflektierten in unterschiedlicher Weise auf die Regierung der Lebensformen in der liberalen Demokratie.

Heute gehen die Meinungen auseinander wie nie zuvor. Es herrscht ein weit verbreiteter und mitunter unbewusst weitergetragener Neoliberalismus, der in der gegenwärtigen Demokratie das Allheilmittel gegen alle Übel und ein Synonym öffentlicher Diskussion schlechthin sieht. Andere hingegen stellen – mit äußerst kritischem Blick – die Diagnose einer entleerten, immer stärker formalen und immer weniger politischen Demokratie, die einerseits das Dispositiv einer auf der Basis von Dekreten regierenden Governance und andererseits den Querschnitt von *News* bildet, die das Volk in der öffentlichen Meinungsbildung sublimieren.

Von »Ausnahmezustand« zu sprechen, heißt nicht zu glauben, dass die Demokratie das Vorzimmer der Diktatur darstelle, und auch nicht, dass der Regierungschef ein Tyrann sei. Vielmehr bedeutet es, zum wiederholten Male – und nun auch im Falle der Pandemie – eine Gesetzgebung aufgrund von Dekreten zu konstatieren, die demokratische Freiheiten außer Kraft setzt.

Die souveräne Macht bezeichnet – in einer rohen und extrem verdichteten Synthese – das Recht, über das Leben der anderen zu verfügen, bis hin zum Tod. Doch der »Souverän«, auf den heute Bezug genommen wird, ist nicht der frühere Monarch oder Alleinherrscher; und auch nicht der Tyrann, der mit unverbrämter Willkür und brutaler Gewalt zum Tod auf dem Schafott verurteilte. Gleichwohl hat die Figur der souveränen Ausnahme auch in modernen Regierungssystemen Bestand; nur rückt sie in den Hintergrund, wird zunehmend weniger entzifferbar und versinkt in der Verwaltungspraxis – ohne dabei jedoch an politischer Bedeutung zu verlieren. Vertreter dieser Macht sind der subalterne Funktionär, der diensthabende Bürokrat, der beflissene Beamte. Kurzgefasst: Die demokratischen Institutionen beruhen, so zögerlich man sich das auch eingestehen will, auf der souveränen Ausnahme. Die alte Macht ist in den Zwischenräumen und Schattenbereichen des Rechtsstaats weiterhin am Werk.

Das Monster schlummert in der Verwaltung – und zwar in genau jener Administration, die aus Nichterfüllung, Zynismus und Inkompetenz die Beatmungsgeräte für die Intensivstationen nicht rechtzeitig erworben und damit die »Älteren« dem Tod ausgesetzt hat. Aber die Beispiele sind zahllos. Von den im Meer ertrunkenen oder der Folter der eilfertigen lybischen Küstenwache überantworteten Migranten, über die am Straßenrand aufgereihten Obdachlosen, bis hin zu den während der Gefängnisrevolten an einer Überdosis Methadon gestorbenen Häftlingen. Kein Bürger denkt jemals daran, dass jetzt er an der Reihe sein könnte.

Das Paradigma des »Ausnahmezustands« bleibt gültig, wenn es auch in vielerlei Hinsichten dem 20. Jahrhundert verhaftet zu sein scheint. Die Kritik, die sich an Agamben üben ließe, betrifft die heutige und gegenwärtige Macht, die zunehmend verwickelt auftritt, sowie eine alles andere als monolithische Souveränität. Das souveräne Recht wird im Rahmen eines komplexen und dynamischen Dispositivs ausgeübt, und zwar in Form von Einschlüssen und Ausschlüssen. So gesehen ist es beileibe kein Zufall, dass sich die Staaten gegenseitig delegitimieren. Was allein zählt, ist die Immunität: Souverän ist, wer vor der sich ausbreitenden Konfliktsituation dort draußen schützt; wer in einer denkwürdigen Auseinandersetzung biologisch eindämmt und absichert; wer das westliche Narrativ beherrscht und zwischen fortschrittlichen Gebieten der Demokratisierung, in denen die Immunen Wohnrecht genießen, und den Außenbezirken der Barbarei unterscheidet, in denen alle anderen dem drohenden Risiko ausgesetzt werden. In dieser märchenhaften Erzählung ist indes nicht von der Polizeigewalt die Rede, die die post-totalitäre Souveränität rechtmäßig auf die »Anderen« ausüben kann, und es werden geflissentlich die Gefahren übergangen, die über den Immunen und den vermeintlich Immunisierten schweben.

Die Biomacht tritt heute immer öfter als Psychomacht auf – die eine geht in die andere über, wie es die technisch-sanitären Verfahren und die Herrschaft der Biotechnologie belegen. Wer die sekuritären Leidenschaften weiter anstachelt, spielt mit dem Feuer der Angst und könnte schließlich darin verbrennen. Alles kann ihm wieder aus den Händen gleiten. Das Modell dafür liefert die Technik: Wer sie benutzt, wird benutzt, wer sie einsetzt, wird abgesetzt. Die politisch-administrative Governance, die im Zeichen der Ausnahme regiert, wird ihrerseits von etwas regiert, das sich als unregierbar erweist. Das gegenwärtige Szenarium zeigt diese unablässige Umkehrbewegung.

Immunitäre Demokratie

Obdachlose, die man wie Autos auf einem Parkplatz im Freien aufgereiht hat – so gesehen in Las Vegas, wo die mehr als einhundert Hotels der Stadt aufgrund des Notfalls geschlossen sind. Sie bleiben jedoch weiterhin denen vorbehalten, die Geld besitzen. Aus dem Catholic Charities, der kirchlichen Einrichtung, in der sie Zuflucht gefunden hatten, wegen einer Infektion ausquartiert, wurden die Obdachlosen – auf Sicherheitsabstand – aufgeräumt und einsortiert, in ein auf den Asphalt gezeichnetes weißes Rechteck. Einige körperlich Behinderte haben ihren Rollstuhl herbeigeschleppt. Die Bilder lassen einem das Blut gefrieren. Das Virus richtet die Scheinwerfer unbarmherzig auf die soziale Apartheid.

Moria, Lesbos, das unwürdige Tor zu Europa, wo sich die Flüchtlinge in heruntergekommenen Zelten und Unterschlüpfen zusammendrängen. Man nennt es Verwaltungshaft: Die Migranten sind hinter Schranken und Stacheldraht weggesperrt, ohne dass sie irgendein Verbrechen begangen hätten. Das ist das Gesicht der polizeilichen Abwicklung von Migration. Kälte, Hunger, Überbelegung, Wassermangel: Die hygienisch-sanitären Bedingungen sind ideal für eine Epidemie. Doch die von humanitären Organisationen ausgesandten Warnsignale bleiben ungehört. Die europäische öffentliche Meinung hat sich jetzt um anderes zu kümmern. Und im Grunde kann der Krieg der Nationalstaaten gegen die Migranten, der von den Bürgern begünstigt und unterstützt wird, die stolz und eifersüchtig über die eigenen Rechte wachen, ungestört weitergehen, getragen von einem Alliierten mehr.

In Indien hat Premierminister Narendra Modi von einem Tag auf den anderen den Lockdown verfügt, ohne jede Vorwarnung. Die Ersten, die von dieser Maßnahme getroffen wurden, waren die inneren Migranten – hunderttausende von ihnen. Nachdem sie Arbeit und Wohnung verloren hatten, versuchten sie, auf irgendein noch verfügbares Verkehrsmittel aufzuspringen, um aus den Megalopolen in ihre ländlichen Herkunftsgebiete zurückzukehren. Doch die Sperre war bereits in Kraft. Einige haben sich zur Selbstisolierung auf Bäume begeben, ohne Medikamente und Proviant. Andere haben zu Fuß Kilometer um Kilometer zurückgelegt – eine verzweifelte Flucht, die in den Sozialen Medien, in den Zeitungen und auf den Fernsehkanälen mit zu verfolgen war. Zusammen mit den Wanderarbeitern gehören die Dalit, die Kastenlosen, die Ärmsten der Armen zu den ersten Opfern, jene Unterdrückten, die man früher »Unberührbare« nannte, da sie mit unreinen Tätigkeiten in Verbindung gebracht und daher diskriminiert werden.

Arme und Verstoßene lösen kein Mitleid aus; stattdessen erzeugen sie eine Mischung aus Wut, Ablehnung und Angst. Der Arme ist der Befreiung nicht wert, weil es sich bei ihm um einen gescheiterten Konsumenten handelt, um ein Minus in der schwierigen Bilanz, wie auch der

Ausgestoßene nur ein unnützes schwarzes Loch darstellt. Jede Verantwortung für ihr Schicksal wird im Vorhinein abgewiesen, während Wohltätigkeit einem sporadisch bleibenden Elan folgt.

Der sanitäre Rückzugsraum droht sich immer weiter auszudehnen. Die Ungleichheit zwischen Geschützten und Ungeschützten, die jeder Idee von Gerechtigkeit Hohn spricht, erschien selten so eklatant und unverfroren wie in der Coronakrise.

Das Geschehen ist schwer zu verstehen, wenn man nicht – auch im Zustand des Schocks und der Diskontinuität – auf die jüngere Vergangenheit zurückblickt. Das Virus hat eine bereits gefestigte und eingespielte Situation zugespitzt und verschärft, die plötzlich in all ihren dunklen und unheilvollen Aspekten deutlich zutage tritt. Durch die Brille des Virus betrachtet erweist sich die Demokratie der westlichen Länder als ein System der Immunität, das bereits seit langem in Funktion ist und jetzt nur in offenerer Form agiert.

In den Debatten über unsere Demokratie werden Wege geprüft, um sie zu verteidigen, zu reformieren und zu verbessern, ohne dabei die Grenzen, die Zugehörigkeit und auch jenes Band grundsätzlich in Zweifel zu ziehen, das sie zusammenhält: die Phobie vor Infizierung, die Angst vor dem Anderen, das Grauen davor, was außen ist. Man übersieht daher, dass Diskriminierung stets latent am Werke ist. Auch jene Bürger, die gegen den grassierenden Rassismus ankämpfen (ein äußerst machtvolles Virus!) und zum Beispiel für eine Grenzöffnung des eigenen Landes plädieren, nehmen das »Eigentum« des Landes und die nationale Zugehörigkeit für selbstverständlich.

Auf diese Weise wird eine geschlossene natürliche Gemeinschaft vorausgesetzt, die dazu entschlossen ist, die eigene souveräne Integrität zu schützen. Diese wirkmächtige, seit Jahrhunderten vorherrschende Fiktion verführt zu dem Glauben, dass die Geburt – in der Art und Weise einer Unterschrift – dafür ausreiche, zur Nation zu gehören. Auch wenn die Globalisierung diesen Zusammenhang gelockert hat, scheint die politische Perspektive sich dadurch nicht allzu stark verändert zu haben. Die Diskussion konzentriert sich auf die innere Verwaltung: auf eine Reformierung der Gesetze, auf Effizienzsteigerung, auf eine Modernisierung der Beschlussverfahren, auf eine Absicherung der Minderheiten – auf eine Demokratisierung der Demokratie. Doch diese politische Perspektive schließt eine Reflexion auf die Grenzen aus und übergeht den Zusammenhang der Zugehörigkeit. Der Blick wird folglich auf das Innere fokussiert, und dem Äußeren kehrt man den Rücken zu, als seien die Grenzen ein für allemal festgelegt und eine sich auf genetische Abstammung gründende Gemeinschaft vollkommen selbstverständlich. Als natürliche Gegebenheiten hingenommen werden diese

Probleme aus dem Bereich der Politik verwiesen oder vielmehr: entpolitisiert. Das aber bedeutet, dass sich die Politik auf ein nicht-politisches Fundament gründet. Zudem handelt es sich um ein diskriminierendes Fundament, das Innen und Außen deutlich markiert. Der damit einhergehende Zwang wirkt – wenn auch auf unterschiedliche Weise – auch auf den Bürger, der zwar Schutz genießt, jedoch fest von dieser Ordnung umschlossen wird, ohne eine Wahl gehabt zu haben. Die gegenwärtige politische Architektur vereinnahmt und verstößt, schließt ein und schließt aus.

Es ist dieser Kontext, der ein Funktionieren der immunitären Demokratie gewährleistet. Es ist sogleich darauf hinzuweisen, dass dieses Adjektiv keineswegs unverfänglich ist und im Gegenteil dazu angetan, die Demokratie zu beeinträchtigen und zu beschädigen. Kann man wirklich dort noch von »Demokratie« sprechen, wo die Immunisierung nur für einige gilt, nicht aber auch für die anderen?

Oft wird vergessen, dass unterschiedliche, ja sogar konträre Modelle von Demokratie existieren. Unser Modell jedenfalls entfernt sich zunehmend weiter von dem der griechischen *pólis*, auf das wir uns so gerne berufen. Sicherlich ist das feierlich preisende und enthusiastische Bild von ihr, das einige noch immer pflegen, nicht haltbar und der Ausschluss der Frauen vom öffentlichen Leben und die Entmenschlichung der Sklaven zu berücksichtigen. Für die griechischen

Bürger jedoch waren Mitwirkung und Partizipation wesentlich.

In der Moderne hingegen ist ein Modell vorherrschend, das, nachdem es sich zuerst in der amerikanischen Demokratie entwickelt hatte, sodann in der gesamten westlichen und verwestlichten Welt Verbreitung fand. Es lässt sich in der Formel zusammenfassen: *noli me tangere*. Darin liegt alles, was der moderne Bürger von der Demokratie verlangt: Berühre mich nicht. Personen, Körper, Ideen sollen existieren, zirkulieren und sich ausdrücken können, ohne angerührt zu werden, das heißt, ohne von einer äußerlichen Autorität gehemmt, aufgezwungen oder untersagt zu werden – zumindest so lange, wie es nicht vollkommen unvermeidbar ist. Die gesamte Tradition liberalen politischen Denkens hat auf diesem negativen Freiheitsbegriff insistiert. Man verlangt keine Teilhabe, man verlangt Schutz. Während den griechischen Bürger die gemeinschaftliche Aufteilung der öffentlichen Macht interessierte, liegt dem Bürger der immunitären Demokratie vor allem die eigene Sicherheit am Herzen. Man könnte sagen, dass genau darin die folgenschwerste Grenze des Liberalismus liegt, der auf diese Weise Absicherung und Freiheit verwechselt. Diese negative Sichtweise belastet die auf ein System der Immunität reduzierte Demokratie, welche die menschlichen Leben in ihren unterschiedlichen Aspekten schützen soll.

Umso ausschließlicher sich dieses Modell durchsetzte, desto umfassender wurden die Ansprüche auf Protektion. Alain Brossat hat das überzeugend dargelegt, indem er den engen Zusammenhang zwischen Recht und Immunität untersuchte. In einer Demokratie zu leben, bedeutet für die Bürgerinnen und Bürger oftmals nichts anderes, als immer ausschließlicher Rechte, Absicherungen und Schutz zu genießen. Das *noli me tangere* bildet das heimliche Kennwort, das jenen »Kampf für Rechte« anregt und anleitet, der nicht selten als die vorderste Front von Zivilisation und Fortschritt betrachtet wird. Natürlich waren und sind diese Kämpfe noch immer bedeutsam. Der eigentliche Punkt ist jedoch ein anderer.

Die Bedingung der Immunität, die einigen – den Geschützten und Abgesicherten – vorbehalten ist, wird anderen – den Ausgesetzten, Verstoßenen und Alleingelassenen – vorenthalten. Man wünscht Pflege, Fürsorge und gleiche Rechte für alle herbei. Doch das »Alle« bildet eine immer stärker abgeschlossene Sphäre: Es hat Grenzen, schließt aus, lässt Überbleibsel und Reste hinter sich zurück. Inklusion ist zur Schau gestelltes Blendwerk, Gleichheit bleibt ein leeres Wort, das inzwischen wie eine Beleidigung klingt. Die Unterschiede werden größer, die Absonderung verschärft sich. Es handelt sich nicht mehr nur um die Apartheid der Armen. Die eigentliche Grenze ist gerade in der Immunität zu suchen, die den trennenden Graben aushebt – und das bereits innerhalb der westlichen Gesellschaften, umso mehr aber Draußen, im endlosen Hinterland des Elends, in den planetarischen Peripherien der Trostlosigkeit und Verzweiflung. Dorthin, wo die Verlierer der Globalisierung um ihr Überleben kämpfen, reicht das System der Ver- und Absicherungen nicht. In Lagern interniert, in der urbanen Leere abgestellt, ausrangiert und angehäuft wie Abfälle, warten sie geduldig auf eine eventuelle Wiederverwertung. Aber die Einwegwelt weiß mit den Überschüssen nichts anzufangen. Der Müll verunreinigt und verseucht. Daher wird es besser sein, zu jenen Ansteckenden und Infizierbaren als Quelle von Krankheiten und Ursache von Ansteckung auf gebührende Distanz zu gehen.

Die andere Menschheit – aber handelt es sich wirklich noch um »Menschen«? – ist unterdessen Gewaltakten jedweder Art, Kriegen, Genoziden, Hunger, sexueller Ausbeutung, neuem Sklaventum und Krankheiten unerbittlich ausgeliefert. Den Kontroll- und Schutzdispositiven unserer Welt entsprechen die Unordnung und die ungebrochene Entfesselung der Naturkräfte in der anderen. Auf schlichte Körper reduziert, können die »Wilden« schreckliche Infektionen, hartnäckige Epidemien wie Aids und tödliche Viruskrankheiten wie Ebola erleiden, die es gerade so in die Berichterstattung schaffen, jedoch keinen Eingang in die herrschende Erzählung finden. Ganz unterschwellig glaubt der Bürger der liberalen Demokratie noch immer, dass die Verwahrlosung der Ausgestoßenen von ihrer Unzivilisiertheit abhänge.

Das immunitäre Paradigma bildet die Grundlage für die unerschütterliche Gleichgültigkeit, welche die Immunen gegenüber dem Leid der »Anderen« an den Tag legen, aber nicht gegenüber den Anderen im Allgemeinen, sondern den Infizierbaren im Besonderen. Dort ist der Schmerz voraussehbares Schicksal, eine Unausweichlichkeit; hier hingegen wird das geringste Unwohlsein sogleich abgemildert, die kleinste Störung beseitigt. Auch das ist eine Grenze. Die Anästhesie ist ein Teil der demokratischen Geschichte. Laurent de Sutter hat diesen Zusammenhang in seinem Buch über den Narkokapitalismus aufgewiesen. Immunisierung bedeutet daher auch Anästhesierung. So kann man zum ungerührten Zuschauer entsetzlicher Ungerechtigkeiten und grausamer Verbrechen werden, ohne Beklemmung dabei zu empfinden und ohne sich aus Empörung zu erheben. Das Desaster gleitet über den Schirm, ohne Spuren zu hinterlassen. Obgleich er ständig verbunden ist, ist der immune Bürger immer schon entbunden, befreit, unberührt. Die demokratische Anästhesie entbindet von der Empfindsamkeit, paralysiert den freiliegenden Nerv. Hier von »Gleichgültigkeit« zu sprechen, wie es etliche Beobachter tun, bedeutet, ein im höchsten Maße politisches Problem auf die moralische Entscheidung des

Einzelnen zu reduzieren. Letzten Endes kann auch das Thema des Rassismus eine Exemplifikation darstellen. Es handelt sich jedoch eher um eine affektive Tetanie, um eine krampfartige Kontraktion, die eine irreversible Gefühllosigkeit hervorruft.

Umso anspruchsvoller und ausschließlicher die Immunisierung für diejenigen wird, die sich im Inneren befinden, desto schonungsloser wird die Ausgesetztheit der Überflüssigen dort draußen. So funktioniert die immunitäre Demokratie.

Diese doppelte Weichenstellung wurde bereits von der totalitären Erfahrung erprobt. In ihrer bekannten Analyse des Phänomens sandte Hannah Arendt mehr als nur eine Mahnung in die Welt. Die Nicht-Personen – jener zwischen den nationalen Grenzen fluktuierende »Auswurf der Menschheit« – würden schließlich in einen Naturzustand zurückversetzt, in dem es unmöglich wäre, allein nur die Menschlichkeit zu bewahren. Der Zeigefinger richtete sich auf den Schiffbruch der Menschenrechte. In der gegenwärtigen Welt, die – jene Erinnerung mit einem Wisch auslöschend – geglaubt hat, sich von der totalitären Vergangenheit lösen zu können, hat sich die doppelte Weichenstellung zu einer harten Dualität verfestigt, zu einer von der Bewegung der Zivilisation selbst entworfenen Trennung, die für einen Kampf gegen die Barbarei ausgegeben und als demokratischer Fortschritt verkauft wird.

Sicherlich, die Verfassung der Immunität ist kein verbürgtes Recht, sondern eine allgemeine Norm, die den Dynamiken der Macht folgend auch innerhalb der liberalen Demokratien variieren kann. Es genügt, hierbei an den weiblichen Körper zu denken, der innerhalb der häuslichen Mauern wie am Arbeitsplatz Missbrauch und Diskriminierung ausgesetzt ist. Und alles andere als unberührbar ist auch der Körper eines Obdachlosen, der auf einer Polizeistation festgehalten wird, oder derjenige eines in ein Pflegeheim abgeschobenen Alten.

Wichtig ist, dass die Immunisierung darauf abzielt, Körper (und Geist) eines jeden Bürgers zu schützen. Formen der Abneigung nehmen zu, die Phobie vor Berührung verbreitet sich, die Bewegung des Sichzurückziehens wird spontan. Gerade im Sichzurückziehen ist die bestimmende Neigung des Bürgers zu sehen, der sich zunehmend von der *pólis* und allem Gemeinschaftlichen entfernt. Er verantwortet es nicht mehr – ist ihm ab-geneigt. Aber gerade die Anästhesie des immunisierten Bürgers und die geringe Intensität seiner politischen Leidenschaften, die ihn zum unberührten Zuschauer des Weltdesasters machen, bedeuten auch seine Verurteilung. Wo Immunität vorherrscht, schwindet die Gemeinschaft. Das hat Roberto Esposito dargelegt, indem er das Band der Gemeinschaft mit der Angst vor dem Tod engführte. Heute ist es eine äußerst flüchtige, weit verbreitete, jedoch schwer fassbare Angst, die von Mal zu Mal zur Gemeinschaft eines phantasmatischen »Wir« gerinnt.

Im lateinischen Wort *immunitas* ist die Wurzel *munus* präsent, ein nur schwer zu übersetzender Terminus, der Tribut, Gabe und Obliegenheit bedeutet, das jedoch im Sinne einer untilgbaren Schuld, einer gegenseitigen Verpflichtung, die unentrinnbar bindend ist. Befreit, entbunden und entpflichtet zu sein, heißt demnach, immun zu sein. Das Gegenteil von immun ist kommun, gemeinsam. Individuell und kollektiv sind hingegen die beiden spiegelbildlichen Gesichter der immunitären Ordnung. Kommun bezeichnet die Anteilnahme an der reziproken Verbindlichkeit. Es handelt sich dabei keinesfalls um eine Verschmelzung. Teil einer Gemeinschaft zu sein, impliziert, wechselseitig verbunden, beständig ausgesetzt, stets verletzlich zu sein.

Daher ist die Gemeinschaft auch von einer konstitutiven Offenheit gekennzeichnet; als selbstidentische, geschlossene, verteidigte und geschützte Festung kann es sie nicht geben. In diesem Fall handelte es sich vielmehr um ein immunitäres Regime. Was insbesondere in den letzten Jahren geschehen ist, bedeutet die Durchsetzung eines paradoxen Missverständnisses, aufgrund dessen man die Gemeinschaft mit ihrem Gegenteil, mit Immunität, verwechselt. Diese Abdrift steht uns allen vor Augen. Die Demokratie ringt mit zwei entgegengesetzten und unvereinbaren Tendenzen. Hier entscheidet sich ihre Zukunft. Die immunitäre Demokratie ist arm an Gemeinschaftlichkeit – und ihrer bereits nahezu vollkommen beraubt. Ist von »Gemeinschaft« die Rede, versteht man darunter nur mehr eine Gesamtheit von Institutionen, die von einem Autoritätsprinzip abhängen. Der Bürger ist demjenigen unterstellt, der ihm Schutz gewährt. Sich dem Anderen auszusetzen, wird vermieden, man bringt sich vor der Gefahr der Berührung in Sicherheit. Der Andere bedeutet Infizierung, Kontamination, Ansteckung.

Die immunisierende Politik drängt Alterität immer und überall zurück. Die Grenze wird zum *Cordon sanitaire*. Alles, was von außen kommt, entfacht von neuem die Angst, lässt das Trauma wiedererwachen, gegenüber dem sich der Körper der Bürger zu immunisieren geglaubt hatte. Der Fremde ist der Eindringling *par excellence*. Einwanderung konnte daher als die beunruhigendste Drohung erscheinen.

Doch die verheerenden Auswirkungen der Immunisierung – darunter eine große Zahl von Autoimmunerkrankungen – fallen auf die Bürger zurück und treten womöglich erst jetzt, in dieser epochalen Krise, klar zutage – zum Beispiel dort, wo die souveräne Verwaltung nicht nur ihre Maske abnimmt, sondern auch ihr dunkles und monströses Gesicht enthüllt und aus Achtlosigkeit, Kälte und Inkompetenz sterben lässt.

Der Bürger der immunitären Demokratie, dem die Erfahrung des Anderen verschlossen bleibt, findet sich damit ab, jede hygienisch-sanitäre Regel zu befolgen, und hat keine weiteren Schwierigkeiten damit, sich als Patient wiederzuerkennen. Politik und Medizin, mithin völlig heterogene Bereiche, überlagern und vermischen sich. Man weiß nicht, wo das Recht aufhört und das Gesundheitswesen beginnt. Das politische Vorgehen tendiert dahin, eine medizinische Konnotation anzunehmen, während sich die medizinische Praxis politisiert. Auch hier hat der Nazismus Schule gemacht – so anstößig es auch erscheinen mag, daran erneut zu erinnern.

Der Bürger-Patient, wohl eher Patient als Bürger, kommt nicht umhin – obgleich er offensichtlich Abwehr und Schutz genießen und ein Leben in der anästhetisch-immunitären Zone der Welt in Anspruch nehmen kann –, nach den Resultaten einer medizinisch-pastoralen Demokratie zu fragen und mit Besorgnis der Übermacht der autoimmunen Reaktion ins Auge zu blicken.

Die Regierung der Experten: Wissenschaft und Politik

Seitdem das Coronavirus den öffentlichen Raum in Besitz genommen hat und die Agenda der Berichterstattung im Fernsehen und in den Zeitungsrubriken beherrscht, scheinen die Vertreter der Parteien – und zwar sowohl der Regierungsmehrheit als auch der Opposition – verschwunden zu sein. Die virale Infektion hat die Politik hinweggefegt, die noch bekräftigt, sich allein nach der Wissenschaft richten zu wollen: »Lassen wir die Experten zu Wort kommen!«

Aufrufe dieser Art wurden wie eine Selbstverständlichkeit aufgenommen. Etliche Kommentatoren vertraten die Ansicht, dass dies die Gelegenheit sei, den von Inkompetenz verursachten Schaden ins Auge zu fassen. Im italienischen Kontext etwa vollzog sich ein Übergang von der Verschwörungspartei der Impfgegner zur szientistischen Partei des Medizinstaates.

Keine Talkshow findet statt, die nicht den diensthabenden Experten aus dem Hut zauberte. Es wirbeln mehr oder minder angesehene Namen durch den Raum, ein Durcheinander von Thesen und Hypothesen, die sich nicht selten widersprechen, und ein Strudel von Zahlen, Tabellen und Grafiken tut sich auf – ganz zu schweigen vom Wuchern der Ausschüsse und Komitees.

Die Experten sind auf einmal die Herren des öffentlichen Raumes. Gewiss, Inkompetenz ist schädlich. Nie-

mand wird von einem Tag auf den anderen zum Ökonomen, Juristen, Verfassungsrechtler usw. Aber auch nicht zum Politiker (und ebenso nicht zum Philosophen!). Für die Vorstellung, dass ein beliebiger Bürger von heute auf morgen mühelos die Funktionen eines Abgeordneten auszufüllen vermag, hat man einen hohen Preis entrichtet. Sich das einzugestehen, heißt jedoch nicht, einem Regime der Experten das Wort zu reden. Die Gefahr für die Demokratie wäre kaum abzusehen. Das Auftauchen des Coronavirus hat das – leider zu oft umgangene – Problem des Verhältnisses zwischen Politik und Wissenschaft in verschärfter Weise aufgeworfen.

Es ist ein schwerwiegender Vorgang, wenn die Politik ganz offen zugunsten der Wissenschaft abdankt. Dem Diktat der Ökonomie unterworfen und auf verwaltende *Governance* reduziert, verfügt die Politik ohnehin nur mehr über einen geringen Spielraum, den sie jetzt vollkommen einzubüßen droht. Abzudanken und von sich aus zurückzutreten, hieße, sich der eigenen Verantwortung zu entziehen. Im Medizinstaat, der sich am Horizont abzuzeichnen scheint und in dem der Bürger nur ein Patient wäre, nehmen Experten eine Schlüsselrolle ein.

Wer aber gilt als Experte? Wie ist die Rolle zu verstehen, die zwischen wissenschaftlichem Wissen und dessen praktischen Auswirkungen vermittelt? Das häufige Auftreten dieser Figur ist sowohl auf die

Hyperspezialisierung der Wissenschaften als auch auf die zunehmende Komplexität zurückzuführen, die jedwede Entscheidung schwierig macht.

Oft wird der Begriff »Experte« irrtümlich als Synonym von »Wissenschaftler« verwendet. Unterscheidungen sind indes angebracht. Für den Wissenschaftler ist das Ergebnis der eigenen Forschung stets partiell und provisorisch. Der Experte hingegen muss unter dem Druck der öffentlichen Meinung, die nicht nur Wissen, sondern auch Prognose einfordert, sichere Antworten und operativ wirksame Daten liefern. Im Spiel divergierender wirtschaftlicher und politischer Interessen führt der Experte – Achtung, er ist keinesfalls neutral! – eine Entscheidung herbei, der das Ansehen von Wissenschaftlichkeit und die Aura der Unparteilichkeit anhaftet, die dies in den Augen des Wissenschaftlers jedoch nicht ist. Das Verhältnis zwischen den beiden ist von Spannungen bestimmt.

Einmal dem Hochgeschwindigkeitsfluss der Medien überantwortet, wird diese Entscheidung verändert, manipuliert und mitunter völlig entstellt. Es geschieht, das ein und derselbe Experte innerhalb weniger Tage seine Ansicht ändert. In der Zwischenzeit hat seine in Zahlen und Schemata zur Schau gestellte Kompetenz Millionen von Bürger zum Schweigen gebracht und ihrer Verantwortung enthoben.

Von den ökologischen Fragen bis hin zu militärstrategischen Problemen, vom Finanzwesen zur Bioethik, von Raumfahrtprojekten bis zur Epidemiologie – überall wird der Experte zu Rate gezogen, besitzt sein Wort Gewicht, beinahe als handele es sich um einen Orakelspruch. Und doch bedeutet seine Kompetenz keine Garantie. Spricht er im Namen eines spezifischen Wissens und wird als solcher gehört, ist nicht gesagt, dass er über mehr Erfahrung und Weisheit als andere verfügt. Kennt er auch einige Mittel, sieht er nicht notwendig mit der erforderlichen Klarheit auch deren Zwecke. Im Gegenteil, es kann vorkommen, dass er diese weniger deutlich vor Augen hat als andere. Der Experte ist wie der Steuermann Agamemnons, dem es gelang, seinen Herrn sicher nach Hause zu geleiten – wo er sodann jedoch erdolcht wurde. Der Steuermann hätte sich daher fragen sollen, ob nicht nur sein Kurs der richtige war, sondern auch das angesteuerte Ziel.

Der Glaube an die magischen und wundertätigen Tugenden des Experten verbirgt die Schwierigkeit der Wahl, die nicht nur aus der zunehmenden Spezialisierung erwächst. Man bringt demjenigen Vertrauen entgegen, der weiß, oder von dem man annimmt, er wisse, um der Qual der Entscheidung enthoben zu werden. Das Gutachten des Experten wird zum Heilmittel gegen die Furcht, zu urteilen und zu wählen – was mit der Vorstellung einhergeht, irgendwo gebe es bereits eine fertige Lösung. Daher die riesigen Erwartungen und die mehr schlecht als recht erwiderten Hoffnungen.

Der Politiker wendet sich bereitwillig an den Experten, der ihm seine Aufgabe erleichtern soll, indem er Daten und Informationen bereitstellt. In Notfallsituationen wie der des Coronavirus kann er ihm sogar die Bühne überlassen. Die riskante Ambivalenz des Verhältnisses tritt jedoch unverzüglich zutage: Wer bedient sich hier wessen?

Während es durchaus von Umsicht zeugt, auf die Meinung des Experten zurückzugreifen, ist es gefährlich, diesem das letzte Wort zu überlassen, als stelle sein Urteil eine endgültige Antwort und die höchste Entscheidungsinstanz dar. Seine grenzenlose Autorität zeichnet sich bereits souverän in der dunklen Sphäre der Ausnahme ab. Und genau deshalb verbirgt die fideistische Selbstaufgabe zugunsten der Mächte seiner Expertise unwägbare Gefahren.

Die Politik kann sich nicht darauf beschränken, die Weisungen der Experten auszuführen. Als wäre sie nichts anderes als Verwaltung, deren Ideal die Neutralität ist und die im Grunde keine Ideale mehr kennt. Das reibungslose Funktionieren wäre bereits ein Wert an sich, unabhängig von jeglichem Inhalt. Es kommt nicht darauf an, ob in der Welt Gerechtigkeit, Gleichheit, Solidarität herrschen – es kommt darauf an, dass sie gut verwaltet wird. Die Zwecke geraten in den Hintergrund, während das Mittel der Regierung maßgeblich wird. Der Politiker wird zum Experten der Experten, zum Hypertechniker der Planung, der im besten Fall zu verwalten und die Mittel der Regierung auszuwählen weiß, der jedoch nicht mehr weiß, zu welchem Zweck, ja, der den Zweck nicht mehr zu wählen weiß. Und doch bleiben die Qual der Entscheidung und die Last der Verantwortung das Herzstück der Politik.

Phobokratie

Dies könnte das Schlüsselwort der neoliberalen Governance sein. Es kommt von griechisch *phóbos*, Angst, und von *krátos*, mächtig, gültig, stark. Es handelt sich um die Herrschaft der Angst, um die durch systematischen Notstand und Daueralarmierung ausgeübte Macht. Es wird Furcht verbreitet, Beklemmung erzeugt, Hass geschürt. Vertrauen schwindet, Ungewissheit gewinnt die Oberhand. Die Angst wird richtungslos und bricht in Panik aus.

Die Psychopolitik ist keine Neuerfindung dieser Zeit. Wenn Angst die Gemüter beherrscht, dann ist es möglich, mit Angst die Gemüter der anderen zu beherrschen. Es war Machiavelli, der aus der Angst eine politische Kategorie machte, insofern er ihre enge Verbindung mit der Macht erkannte. Für den Fürsten ist es eine schwierige Kunst, sie versteckt einzuflößen, um die Souveränität zu wahren; er hat zu vermeiden, dass dieses Gefühl in Hass umschlägt und das Volk zur Revolte treibt.

Die Angst durchzieht die gesamte Moderne bis ins 20. Jahrhundert, dem Jahrhundert totaler Schreckensherrschaft, die für gewöhnlich mit Tyrannei verwechselt wird, mit jenem Regime, das noch zwischen Freunden und Feinden unterscheidet. Die totalitäre Macht ist hingegen das eiserne Band, das alle im Einen verschmilzt; anstatt Instrument zu sein, regiert der Schrecken selbst, während er das Volk verschlingt – das heißt, seinen eigenen Körper – und bereits die Keime der Selbstzerstörung in sich birgt.

Und heute? Der Schrecken ist zu einer Atmosphäre geworden. Jeder steht allein vor der planetarischen Leere und ist dem kosmischen Abgrund ausgesetzt. Es braucht keine direkte Warnung mehr, da die Risiken von außerhalb zu kommen scheinen. In ihrer scheinbaren Abwesenheit bedroht die Macht und beruhigt, erhöht sie die Gefahr und verspricht Schutz – ein Versprechen, das sie nicht zu halten vermag. Denn die post-totalitäre Demokratie erfordert Angst und gründet sich auf Angst. Darin liegt der perverse Zirkel jener Phobokratie.

Suspense und Spannung wechseln sich ab in einem fortwährenden Wachen, in einer Albträume, Blendungen und Halluzinationen auslösenden Schlaflosigkeit. Das Leben scheint im Griff einer unentwegten Alternative zwischen der Drohung, eine Aggression zu erleiden, und der Forderung, sich zu verteidigen, ja dem Angriff zuvorzukommen. Es ist daher ein von Alarmierung skandiertes, von Diebstahlsicherungen geschütztes, hinter Stahltüren und Sicherheitsschlössern verschanztes, kameraüberwachtes und von Mauern umgebenes Leben. Die Angst nimmt zu, und es herrscht eine dunkle Furcht vor dem Anderen, in der wie durch Zauberhand unterschiedliche Besorgnisse und Beunruhigungen zusammenfließen. Es kann durchaus von einer Kultur der Angst gesprochen werden, welche für die immunitären Demokratien charakteristisch ist. Es handelt sich dabei nicht etwa um eine spontane Emotion. Es ist vielmehr die verbreitete Suggestion einer allgegenwärtigen Gefahr, die Gewöhnung an die Bedrohung, das Gefühl extremer Unsicherheit – bis hin zum Terror.

Es entzünden sich Herde kollektiver Besorgtheit und erlöschen wieder, intermittierend wird Stress erzeugt, bis zum Erreichen des Kulminationspunktes der kollektiven Hysterie, ohne jede Strategie und ohne klare Ziele, abgesehen von der immunitären Abschließung einer passiven, zersplitterten und entpolitisierten Gemeinschaft. So unterwirft sich das phantasmatische »Wir« zeitweise dem Notfall und seinen Dekreten. Doch diese Phobokratie besitzt einen nur vorübergehenden Zugriff und läuft ihrerseits Gefahr, vom souveränen Virus, das regieren will, enthoben und entthront zu werden.

Uneingeschränkte Macht?

Demonstrationszüge, Märsche, Versammlungen, Kundgebungen – bis vor wenigen Monaten zogen die neuen Revolten des 21. Jahrhunderts über die Plätze der Welt, von Santiago bis Beirut, von Hongkong bis Barcelona, von Paris bis Bagdad, von Algier bis Buenos Aires. Feministen und Antirassistinnen, Klimaschützerinnen und Pazifisten, neue Ungehorsame, Informatikaktivisten und Militante der Nichtregierungsorganisationen kamen zusammen, um gegen souveränistische und sekuritäre Strömungen zu protestieren, gegen die abgrundtiefen Ungleichheiten und die Umweltzerstörung, gegen das umfassende Verschuldungssystem, gegen die Ermangelung von Rechten und gegen Diskriminierung. Das war kein plötzliches und einmaliges Aufflackern.

Die Unregierten betraten die Bühne, um die Grenzen der politischen Governance anzuprangern. Sie besetzten die Plätze, diesen von den Parteien freigestellten Raum, den symbolischen Verweis auf die agorà, den ersten Ort der Demokratie und die letzte Reserve für die Gemeinschaft. Zusammen-sein bedeutete, auf eine Welt zu reagieren, die isoliert und trennt. Die Besetzung ist schon Opposition, ein Versuch der Solidarität – kreative Gesten, bislang unbekannte Aktionen, der häufige Einsatz von Masken, um die gesichtslose Finanzmacht freizulegen, um den Staat herauszufordern, der jede Maske ver-

dammt, die nicht seine eigene ist, um gegen Überwachung und übertriebene Identifizierungsmaßnahmen zu rebellieren. Insbesondere in der letzten Zeit wurden die nationale Architektur, das System der Staatsbürgerschaft und die staatszentrierte Weltordnung angefochten.

Was wird aus diesen Revolten, jetzt, da das Coronavirus die Bühne besetzt hat? Werden die Polizeimächte, die Disziplinierung der Körper, die Militarisierung des öffentlichen Raumes und die repressiven Apparate gestärkt daraus hervorgehen? Oder werden sich die Konflikte erneut entzünden, wird das Unrecht und die in der Zwischenzeit sich verschärfende Ungerechtigkeit vergemeinschaftet, werden die Kämpfe wiederaufleben und die Scheinwerfer wieder auf die Unsichtbaren gerichtet? Neue Formen des Dissenses und des kreativen Protests zeigen sich bereits auf den Balkonen, im Netz und – mit dem gebührenden Abstand – auch auf den Plätzen, von den Cacerolazos bis zu den Aktionen von Anonymous, von Initiativen wie denen des chilenischen Kollektivs Depresión Intermedia bis zu den Versammlungen auf Facebook und den #digitalstrike.

Vielleicht trägt das souveräne Virus schließlich dazu bei, die staatliche Souveränität zu destabilisieren. Mit Sicherheit wird man nicht mehr so leicht vergessen können, dass Gesundheit, Klima, Bildung, Kultur und Ökonomie kein Privateigentum sind und nicht vom Kapital bewilligt von oben kommen, sondern gemeinschaftliche Güter, die eine neue Politik in der Welt erfordern.

Am 30. März 2020 sicherte sich Viktor Orbán in Ungarn die uneingeschränkte Macht. Die offizielle Begründung lautete: um die Epidemie besser bekämpfen zu können. Es wurden indes keine zeitlichen Beschränkungen festgelegt, sodass der Ministerpräsident auf unbestimmte Zeit per Dekret regieren und die vom Parlament erlassenen Gesetze außer Kraft setzen kann, und zwar so lange er dies für zweckmäßig hält. Die Opposition verurteilte diesen »Handstreich« laut, ohne dass dies ein großes Echo hervorgerufen hätte. Die Europäische Union, auch zuvor schon weitestgehend unwirksam, setzt jetzt andere Prioritäten. Überall herrscht der Virus-Notfall. Die Ausnahmeregelungen vervielfachen sich und werden ausgedehnt. Die Liste der Regierungen ist lang, die die Gelegenheit beim Schopf gepackt haben, um die eigene Macht auszuweiten und eine eiserne Kontrolle auszuüben. Während in Frankreich der »Notstand« erneut verlängert wurde, gestand man den Sicherheitskräften in Großbritannien außerordentliche Befugnisse zu. Trump hat angefangen, sich als *wartime president* zu bezeichnen, und damit deutlich zu verstehen gegeben, dass seine Entscheidungsgewalt ausgeweitet werden soll wie in Kriegszeiten. Gesetze, die etliche individuelle Freiheiten einschränken, die Medien zensieren und die digitale Kontrolle der Bürger zulassen, wurden in Bolivien und auf den Philippinen, in Thailand und in Jordanien beschlossen. Daher kann man nicht mehr darüber hinwegsehen, dass die Gefahr der Ansteckung die parallel verlaufende Epidemie repressiver und autoritärer Maßnahmen mit sich bringt.

Hinter der Virenpolitik oder besser: der Coronapolitik erscheint weiterhin beunruhigend der phobokratische Souverän. Die wiederholten Kriegserklärungen und die Appelle an die Nation sind das ausdrückliche Signal davon. Sie zeigen unter anderem die Fehlleistungen einer Politik, die eine zersplitterte Gemeinschaft nicht mehr anzusprechen vermag, außer durch Angst und mit Verweis auf die zwingende Notwendigkeit, die internen Konflikte zu überwinden. Die Schnelligkeit, mit der außerordentliche Maßnahmen ergriffen wurden – mit all den rechtlichen Implikationen, die diese mit sich bringen –, lässt sich durch den Präzedenzfall eines anderen phantomatischen Krieges erklären, demjenigen gegen den Terrorismus, der dem Ausnahmezustand Tür und Tor geöffnet hat. Der in der Erzählung eines beispiellosen Ereignisses eingesetzte Kriegsjargon lässt wenige Zweifel hinsichtlich der repressiven Risiken zu. Und doch gibt es – trotz der Polizeistreifen in den Straßen – keine militärische Mobilmachung.

Die Medizin ist ein Kampf für das Leben, und ihre Siege beruhen nicht auf dem Tod – was diese im Übrigen nicht vor den möglichen Versuchungen einer Komplizenschaft bewahrt. Die Gesundheitskrise kann und darf keinen Vorwand dafür darstellen, ein autoritäres Labor zu eröffnen. Das soll wiederum nicht heißen, auf naive und unbesonnene Weise jene Heilmittel und Behandlungsformen auszuschlagen, die die Verbreitung des Virus aufhalten können. Doch die sekuritären und biosekuritären Maßnahmen müssen wachsam machen und dazu antreiben, sogar sich selbst und den eigenen Impulsen zu misstrauen. Man darf nicht zulassen, dass die Epidemie eine Ära des allgemeinen Verdachts einleitet, in der jeder für den anderen einen potenziellen Ansteckungsherd darstellt, eine ständige Bedrohung. Die Folge davon wäre, keine gemeinsame Welt mehr zu haben, nicht einmal mehr den öffentlichen Raum der *pólis* zu teilen.

Das Coronavirus ist sicherlich kein Patriot, und es verspottet jede Grenze. Die Globalisierung ist – ob man will oder nicht – viral. Gleichwohl haben sich die Paradoxien vermehrt. Europa hat ein Zugangsverbot für Fremde erlassen, als es der Hauptherd und das Epizentrum der Pandemie war. Die leere und unüberlegte Souveränitätsbekundung wiederholte sich mit der demonstrativen Schließung der Grenzen zwischen den Mitgliedsstaaten. Die wilde Konkurrenz ging sogar bis zur Weigerung, medizinische Güter an die Bedürftigen zu versenden. Das Fehlen jeglicher Solidarität wird unauslöschlich im Gedächtnis vieler europäischer Völker bleiben. Zum wiederholten Male hat sich die Europäische Union als eine gespaltene

Eigentümerversammlung erwiesen, als ein Mischmasch von Nationen, die sich unter dem Deckmantel wackliger Kompromisse den Platz streitig machen, um die jeweils eigenen Interessen zu verteidigen – keinerlei Sinn für das Gemeinsame, kein Gedanke an die Gemeinschaft. Ganz zum Wohle von autoritären Regimes und souveränistischen Parteien, die seit langem für die Schließung der Grenzen, für nationalen Protektionismus und patriotische Entsagung eintreten. War es nicht gerade Matteo Salvini, der Leader der Lega, der bereits lange vor der Epidemie »uneingeschränkte Macht« für sich einforderte?

Die staatliche Xenophobie hat im »ausländischen Virus« einen neuen robusten Feind gefunden, nachdem sie eine Hasskampagne gegen die Migranten entfesselt hatte. Gerade das Virus beweist jedoch, dass das Errichten von Mauern und die Gegenüberstellung der auf ihr jeweiliges Territorium begrenzten, die eigene Souveränität eifersüchtig bewachenden und auf die Immanenz der Macht festgelegten Nationalstaaten zu rein gar nichts führt. Das souveräne Virus überträgt sich durch die Luft – und niemand ist immun.

Die verschwörerische Ansteckung

Das Coronavirus ist eine »unfassbare Täuschung«. Es ist der aus dem Leib einer Fledermaus entwichene »Große Feind«. Es ist eine Apokalypse aus dem Reagenzglas, von einer chemischen Formel zur Vernichtung der Menschheit entfesselt. Es ist eine geheime bakteriologische Waffe, über die China die Kontrolle verloren hat. Es ist eine Marketingstrategie der Pharmalobby, um den Absatz von Arzneimitteln anzuheizen. Es ist ein von Bill Gates erdachtes und finanziertes Experiment, eine riesige Machenschaft, um den entsprechenden Impfstoff patentieren zu lassen, Profit daraus zu schlagen und den Planeten zu beherrschen. Es ist eine von den »dunklen Mächten« orchestrierte »große Lüge«, um die tödlichen Auswirkungen von 5G zu verschleiern, der Technologie, die das Immunsystem zerstöre.

Es ist das »Virus aus Wuhan«, hervorgegangen aus dem dortigen unheimlichen Wildtiermarkt. Es ist das »chinesische Virus«, entwichen aus dem Labor nationaler Bioabwehr. Es wurde in Italien von amerikanischen Geheimagenten verbreitet, um die »Seidenstraße« zu blockieren und den Einzug der chinesischen Wirtschaft auf dem Alten Kontinent zu stoppen. Es ist ein »amerikanisches Virus«, ein hinterlistig von fünf in chinesischen Krankenhäusern behandelten Athleten verbreiteter Bazillus.

In jedem Fall handelt es sich um ein »ausländisches Virus«. Das seinen Ursprung umgebende Geheimnis steigert die Angst, entzündet die verschwörerische Phantasie, gibt disparaten Interpretationen, skurrilen und opportunistischen Hypothesen Raum. Noch nicht einmal die Vertreter der Politik halten sich zurück. Im Gegenteil, dieses Mal waren es nicht nur die Sprecher, sondern die Regierungschefs selber, die Gerüchte und Lügen verbreiteten. Allen voran natürlich Trump. Der globale Krieg wird nicht zuletzt auch mit verschwörerischen Märchen bestritten.

Besonders aber hat sich Bolsonaro hervorgetan, der das Virus bis zuletzt zu einer beliebigen Influenza herunterredete und den Gesundheitsnotfall leugnete, eine von den Medien angeheizte »Phantasie«. Dieser Negationismus fand die Unterstützung des umstrittenen Wissenschaftlers Shiva Ayyadurai (der immerhin am MIT in Bioengineering promoviert wurde), der auf Twitter mehrmals den grassierenden »Alarmismus« anprangerte und behauptete, dass das Coronvirus »als größter Betrug zur Manipulation der Wirtschaft, zur Eliminierung abweichender Meinungen und zur Förderung von Zwangsmitteln« in die Geschichte eingehen werde.

Die verschwörerischen Kassandren hatten – in Erwartung der Endkatastrophe – das vorprogrammierte Massaker, das die Menschheit drastisch reduzieren würde, schon seit langem in einer planetarischen Pandemie ausgemacht. Alles war vorhergesehen und vorab angekündigt worden. Und dann kam Covid-19, um diese ungehörte Prophezeiung zu bestätigen.

Das Coronavirus erscheint in seiner unsichtbaren Essenz als das ideale Instrument in den Händen dunkler Kräfte, die im Geheimen agierend das Volk seiner Souveränität berauben wollen. Die angstvolle Unruhe, diese endlich zu demaskieren, vermischt sich mit Hass und färbt sich mit Wut.

Wer wird widerstehen? Wer immun gegen die Ansteckung sein? Fake News vervielfachen sich mit unaufhaltsamer Beschleunigung, treiben auf den mobilen Flüssen telematischer Dispositive, werden aufgenommen, potenziert, erneut lanciert. Die Infodemie – buchstäblich eine Epidemie der Information – wird von der Weltgesundheitsorganisation als eine Gefahr eingestuft, die derjenigen von Covid-19 beinahe ebenbürtig ist. Vielleicht ist sie das globale Virus, für das jegliche Impfung zu spät kommt?

Verschwörungserzählungen sind wahrlich keine neue Erfindung; in den vergangenen Jahrhunderten finden sich bedeutende Präzedenzfälle. Im 20. Jahrhundert aber kündigt sich ein neues Phänomen an: nämlich die nun weltumspannende Verbreitung konspirativer Mythen. Die Auswirkungen waren verheerend. Es genügt, hier an die Shoah zu erinnern. Und dennoch erscheint das verschwörerische Denken – trotz der öffentlichen Zensur und seiner weitgehenden Diskreditierung – in vielerlei Hinsicht hegemonial.

»Was steckt dahinter?« – so lautet die obsessiv wiederholte Frage. Die neue Kultur der Verschwörung, die sich aus der ungefilterten Information des Webs speist, sieht allerorten Komplotte, enthüllt Intrigen, deckt Machenschaften und Ränkespiele auf. Und übersät die Welt mit Feinden. Kein Ereignis – Epidemien, Migrationsströme, Attentate, Kriege –, das nicht seinen Schuldigen und phantasmatischen Sündenbock zugewiesen bekäme. Einst ein äußerstes Instrument, ist die Verschwörung inzwischen zum gängigen Propagandamittel geworden. Zwischen Paranoia und verallgemeinertem Verdacht breitet sich die Leidenschaft zur Verschwörung aus, konstruiert ein Netz der Komplizenschaft gegen die zunehmend delegitimierten Eliten und richtet sich gegen Minderheiten, die beschuldigt werden, die Mehrheit manipulieren zu wollen.

Wie lassen sich Ereignisse wie die Pandemie erklären, die mit ihrer apokalyptischen Wucht das Alltägliche zerreißen? Wie orientiert man sich im Gegenwind der Globalisierung, in dem sich Krieg und Frieden, Freund und Feind vermischen? Ungewissheit, Erschütterung und Furcht überwiegen in einer Welt, die zunehmend als ein undurchdringliches Chaos erscheint. Womöglich verbirgt sich hinter dieser Erscheinung eine okkulte Wirklichkeit, die ans Licht zu ziehen und zu demaskieren ist. Geheimnisvolle Kräfte und »dunkle Mächte« bestimmen das Schicksal des Planeten.

Leicht zu verbreiten und schwer zu widerlegen, reagieren die Verschwörungsmärchen auf Bedürfnisse, die heutzutage auf eine harte Probe gestellt werden: glauben und erklären. Die Verabschiedung der traditionellen Religionen und politischen Ideologien gab jeder Art von unbedarfter Leichtgläubigkeit und unbelehrbarem Dogmatismus Raum. Mangels offenkundiger Ursachen wird es besser sein, dem Glauben zu schenken, was den eigenen Überzeugungen und Erwartungen entspricht, wobei es unerheblich zu sein hat, dass Indizien und Beweise das Gegenteil bezeugen. Entscheidend ist, was sich als nützlich erweist. Der praktische Effekt untermauert den Mythos, der daher gegen jedwede Kritik resistent ist. Als Krankheit einer entzauberten Welt befriedigt die komplottistische Phantasie das Bedürfnis nach Gewissheit, den Wunsch nach Transparenz, das maßlose Verlangen, alles erklären und rationalisieren zu können. In Anbetracht der Komplexität entscheidet man sich für die Abkürzung der Vereinfachung. So taucht der Traum wieder auf, um jeden Preis einen Sinn zu finden, umso mehr, wenn die Aussichten düster sind.

An Verschwörung zu glauben, heißt, ein kursorisches und magisches Geschichtsbild zu akzeptieren, im Rahmen dessen alles auf eine einzige Ursache zurückgeführt werden kann, die intentional agiert und mit einem subjektiven und beharrlichen Willen ausgestattet ist. Umso verwickelter das Szenarium erscheint, desto stärker der Wahn, eine letztgültige Erklärung finden zu müssen. Daher rührt die Analogie zum mythischen Denken. Die Wirkkraft des Mythos ist nicht in seiner Wahrhaftigkeit begründet, sondern in den Ansprüchen, auf die er antwortet, in den hervorgerufenen Emotionen und den von ihm erzeugten Suggestionen. Deshalb ist es irreführend, von einer »Fälschung« zu sprechen, von einem negierten Wahren. Der Mythos negiert nicht; er beschränkt sich auf Feststellungen. Darin liegt die große Macht der Fiktion. So nützte der Nachweis nichts, dass sein Gerede gegenstandslos sei: Das erkannte sogar Hitler selbstgefällig an, der Meister der Verschwörung.

Mit seiner eingebildeten Politikwissenschaft will der Verschwörungsphantast nicht nur den Lauf der Ereignisse entziffern; er beansprucht zudem, die Oberaufsicht darüber zu führen und ihn zu lenken. Davon überzeugt, den Schlüssel zur Geschichte zu besitzen, der es ihm erlaubt, jedes Problem zu lösen und jedwede Quelle der Beunruhigung zu beseitigen, bewegt er sich in einem manichäischen Horizont, in dem das Böse aus jener verborgenen und arkanen Hinterwelt aufsteigt, die es nun endlich zu enthüllen gilt. Seine Aufgabe besteht darin, den Feind zu entlarven und die Bedrohung offenzulegen. Diese Geste okkulter Magie ist jedoch auch ein symbolischer Kriegsakt. Der Verschwörungserzähler beschränkt sich nicht auf eine Flucht in seine Chimären und Verblendungen. Wenn er die dunklen Kräfte zu identifizieren sucht, denen die Welt in die Hände gefallen ist, geschieht das mit der Absicht, diesen entgegenzutreten. Er beansprucht für sich die Rolle des Opfers und konstruiert den absoluten Feind, der jeweils von den vermeintlichen stereotypen Zielsetzungen bestimmt wird: von Dezimierung, Plünderung und Herrschaft. Je metaphysisch abstrakter dieser Feind ist – wie die »Eliten«, die »Kaste«, die »Weltregierung« –, desto furchterregender und verabscheuungswürdiger erscheint er. Man darf nicht vergessen, dass das Komplott die Grundlage eines bestimmten Populismus darstellt.

All dies wird heute durch die die Flüchtigkeit der Macht verstärkt. Nicht, weil die Macht nicht mehr vorhanden wäre – im Gegenteil! Doch sie ist fern, flüchtig, ubiquitär, auf die Kanäle der Technik und die Flüsse der Ökonomie projiziert, zentrumslos und womöglich auch richtungslos. Sie besitzt kein Gesicht, hat keinen Namen, keine Anschrift. Das Unbehagen desjenigen, der von ihr getroffen wird, erwächst gerade auch aus der Schwierigkeit, sie zu lokalisieren. Man verspürt nur ihre diffuse Präsenz. Der Bürger fühlt sich getäuscht; er wird unsicher, übervorsichtig, argwöhnisch. Wenn eine Wirkung zu beobachten ist, muss es auch eine Ursache geben. Der Skeptizismus schlägt in die dogmatische Gewissheit um, dass es einen okkulten Ort der Macht geben muss. Das ist der Grund dafür, dass sich die finsteren Gespenster des Komplotts vermehren und die politische Bühne heimsuchen.

Es lässt sich jedoch auch nicht verschweigen, dass es gerade die Kultur der Angst ist, welche die Übelgesinnten aufhetzt. Der Komplottismus bildet die andere Seite der Phobokratie. Eine engstirnige und scheinheilige Politik, die, um überhaupt regieren zu können, fortwährend darauf angewiesen ist, ihre Verantwortlichkeiten auf einen gerade griffbereiten Feind abzuwälzen – der Einwanderer, der »Zigeuner«, die Bürokraten aus Brüssel, das »chinesische Virus« – bildet die unerschöpfliche Quelle von Verschwörungsphantasien. Nicht zufällig vermehren sich die Regierungen, die auch auf dem Feld der internationalen Beziehungen auf diese Mittel zurückgreifen.

Es hilft wenig, das Komplott zu dämonisieren, das letztlich ein Symptom darstellt und nicht notwendig rein negativ zu werten ist: Es verleiht dem Wunsch Ausdruck, besser zu verstehen, klarer zu sehen – wie einfältig sich dieser auch äußern mag. Anzunehmen, dass das Komplott eine Krankheit ist, die eine Schar paranoider Verrückter plagt, hieße, selbst verschwörerisch zu verfahren und die Schuld für die Übel der Welt bei einer finsteren, in der Sphäre der Komplotte agierenden Bande zu suchen. Wie Rob Brotherton dargelegt hat, sind wir alle in einem gewissen Maße Komplottisten – besser, sich das einzugestehen, als sich vorschnell die Absolution zu erteilen.

Das Komplott ist keine virale Erkrankung, die besiegt und ausgerottet werden könnte. So absurd wie ein Krieg gegen das Virus, ist der Krieg gegen die Verschwörung. Es handelt sich vielmehr darum, mit ihr zusammenzuleben, ohne zu glauben, sich endgültig dagegen immunisieren zu können. Bisweilen kann die paranoische Ansteckung sogar heilsam sein. Dafür genügt es, dass das Medikament in angemessenen Dosen verabreicht wird.

Abstand halten

Thermoscanner in den Flughäfen, gebietsweise Kontrollen, Quarantäne für die potenziell Infizierten und sodann Maskenpflicht, Vorsichtsmaßnahmen, häufiges Händewaschen. Wird das ausreichen? Die Angst vor Kontakt wird mobilisiert, die Furcht vor Ansteckung wird spürbar und dringt in den Alltag ein. Es wäre besser, öffentliche Orte zu meiden und sich im Raum der häuslichen Intimität einzuschließen. Noch nie erschien jene Nische, die hier und da mit Bildschirmen gespickt ist, durch die man geschützt die Welt betrachten kann, derart unentbehrlich.

Der Abstand ist nicht überall gleich: Die Verteilung der Körper im öffentlichen Raum folgt unterschiedlichen Gewohnheiten, Riten und Höflichkeitsregeln. Bereits in den europäischen Ländern verringert sich dieser Abstand, wenn man z. B. von finnischen Städten über deutsche in italienische reist, wo Herzlichkeitsbezeugungen und Umarmungen nahezu jede Begegnung begleiten. Den diesen Prozessen zugrunde liegenden Normen, die immer weniger neutral und zunehmend neurotisch werden, hat Norbert Elias erhellende Seiten gewidmet.

In den Pestchroniken wird von den Auswirkungen der Ansteckung erzählt, die einen jeden dahin bringt, sich so weit wie möglich zu isolieren und den anderen, in dem man einen potenziellen »Salber« sieht, zu fürchten und folglich den Abstand als das einzige wirksame Heilmittel, als alleinige Hoffnung zu betrachten. In den immunitären Demokratien jedoch, die allein deshalb nicht unmittelbar mit ähnlichen Situationen in der Vergangenheit verglichen werden können, ist die Berührungsfurcht, die stets die Einhaltung von Distanz markiert, bereits handfeste Berührungsangst: »Nichts fürchtet der Mensch mehr als die Berührung durch Unbekanntes« – dieser berühmte Satz Elias Canettis ist nicht kontextlos, sondern spezifisch auf das moderne Wohnen bezogen. Man sperrt sich in den Häusern ein, die niemand betreten darf und in denen man sich relativ sicher fühlt.

Das Recht auf Unverletzlichkeit der Wohnung bildet die Grundlage, auf der das alteuropäische Recht aufbaute. Jetzt aber erlaubt es das Wohnen, eine Zone des Schutzes und des Wohlstands gegen mögliche Eindringlinge und Übeltäter einzugrenzen. Weg mit der Gemeinschaft! Was allein zählt, ist das Recht, sich vor äußeren Störungen zu verteidigen, ohne sich dafür rechtfertigen zu müssen. Die Wohnung bildet eine Art Erweiterung des Körpers, die eine eigentümliche Selbstdarstellung und eine ebenso spezielle Selbstsorge ermöglicht, die mittlerweile zur Gewohnheit geworden sind. Sie verleiht dem Bedürfnis nach einer beruhigenden Abschließung Ausdruck und kennzeichnet die Emergenz des immunitären Paradigmas.

Die menschliche Öffnung auf die Welt hin wird immer stärker von dem Antrieb verschlossen, diese zu vermeiden. Daher auch das verbreitete, auf den Ort gegründete Ressentiment, das souveränistisch-eifersüchtige Bewachen der Wohnung. Es reicht aus, hierfür an die hervorgekramten Mythen einer Invasion und die verbreitete Angst vor Immigranten zu denken.

Die gesetzliche Durchsetzung des Abstands, diese Präventivpolizei zwischenmenschlicher Beziehungen, diese reglementierte Abschirmung, die vor Familienangehörigen wie vor Unbekannten schützt, ist nur der Scheitelpunkt eines bereits seit langem im Gange befindlichen politischen Prozesses. Die Abschaffung des Anderen geschieht jetzt per Dekret – im Tausch gegen Sicherheit und Immunität. Der Körper des einzelnen Bürgers gleicht zunehmend einer Festung, die gegen unzählige Gefahren und unwägbare Bedrohungen geschützt werden muss. Vorsicht und Verdacht sind charakteristisch für Beziehungen, die notwendig durch Dispositive vermittelt sind, dazu angetan, zu trennen, einzudämmen, in Sicherheit zu bringen und zu bewahren. »Soziale Distanzierung« ist das Siegel immunitärer Politik.

In gewisser Weise kann man mit ein wenig Bitterkeit sagen, dass sich der Zyklus der Zivilisation dort schließt, wo jede Form physischen Kontakts per Gesetz als Quelle möglicher Ansteckung, als Gefahr von Befleckung und Verunreinigung geächtet wird.

Damit scheint die offene, spontane, und gastfreundliche Gesellschaft – die der Zusammenkunft, des Spiels, des Tanzes und des Festes – aus dem zivilen und politischen Horizont zu verschwinden. Unter den Hieben der Dekrete zerfällt die außerstaatliche und außerinstitutionelle Gemeinschaft, diejenige der ekstatischen Bewegung des Selbst, das sich nach dem Anderen ausstreckt, sich aussetzt und loslässt – und es bleibt einzig die übergeschützte, erstarrte und abgeschirmte übrig. Nichts als ein Schatten von Gemeinschaft.

Was an den im Zuge des Covid-19-Notfalls erlassenen Anordnungen verstört, betrifft nicht nur die Distanzierung des Anderen und folglich das implizite Verbot jedweder Umarmung oder spontanen Herzlichkeit, sondern auch die undeutliche Ächtung aller nicht geschützten Beziehungen einer Kopräsenz und Begegnung der Körper. Die Konsequenzen sind politischer Natur. Genau in diesem Sinne ist darin das Labor neuer und präzedenzloser Ordnungen zu sehen.

Der Bürger-Patient, dem die Erfahrung des Anderen verschlossen ist, findet sich mit der Reglementierung der Distanz ab und unterstellt sich den sanitären Bestimmungen, die auch auf die sexuelle und affektive Sphäre übergreifen. Bisweilen wird er von einer düsteren Sehnsucht nach der Masse überwältigt, in die er wieder eintauchen möchte, um seine Berührungsangst zu exorzieren. Diesen Zusammenhang hat Canetti in *Masse und Macht* erhellt: »Es ist die *Masse* allein, in der der Mensch von dieser Berührungsfurcht erlöst werden kann. Sie ist die einzige Situation, in der diese Furcht in ihr Gegenteil umschlägt. Es ist die *dichte* Masse, die man dazu braucht, in der Körper an Körper drängt, dicht auch in ihrer seelischen Verfassung, nämlich so, dass man nicht darauf achtet, wer es ist, der einen ›bedrängt‹. Sobald man sich der Masse einmal überlassen hat, fürchtet man ihre Berührung nicht. [...] Je heftiger die Menschen sich aneinanderpressen, um so sicherer fühlen sie, dass sie keine Angst voreinander haben. Dieses *Umschlagen der Berührungsfurcht* gehört zur Masse.«

Per Gesetz die Masse zu vermeiden und zu verbieten, bedeutet nicht, den Individualismus zu begünstigen. Das Problem ist völlig anders gelagert. Seit langem schon begleitet die Angst vor der Masse die Massengesellschaft. Darin liegt kein Paradox. Es handelt sich um die beiden Seiten ein und derselben Medaille. Das Massewerden des öffentlichen Raumes war jedoch bereits diszipliniert oder allein in subtil vorgesehenen oder genau vorhersehbaren Formen zugelassen: Bei öffentlichen Feierlichkeiten, in Sportstadien oder bei Konzerten. Das ist die Masse, die – im Gegensatz zu der von Canetti beschriebenen – ausgedünnt, auf ein Verbot gegründet, vorprogrammiert, gefiltert und überwacht wird.

Man kommt nicht um den Gedanken herum, dass hier der Wille am Werke ist, den Konflikt abzuwenden, vor allem durch bestimmte Formen des Wettkampfs, wie etwa Fußballspiele, die ein Simulakrum des Bürgerkriegs sind. Die von Covid-19 auferlegte Immunisierung reicht jedoch an den Paroxysmus heran. Und bricht überdies in einen Zeitraum ein, der von globalen Revolten gezeichnet ist. Das Monitum der immunitären Demokratie ist deutlich: Es beseitigt die Gefahr der lebendigen und unkontrollierbaren Masse und verjagt das Gespenst der Revolte, indem es die sanitären Bedingungen des Überlebens sichert.

Es ist weithin bekannt, dass Ferne mit Nähe durchsetzt ist – und Nähe mit Ferne. Aber die Distanzierung, dieser augenscheinlich aseptische Begriff, hat eine vollkommen andere Bedeutung. Die Masse ist von der Last der Körper befreit, vom physischen Widerstand entbunden und für einen ununterbrochenen Fluss an Botschaften verfügbar, und zwar Nonstop, 24/7. Die Beziehungen sind durch die zwischengeschalteten Medien abgeschirmt.

Auch in diesem Kontext ist – bei aller Unterbrechung – eine Kontinuitätslinie nicht zu übersehen. Seit Jahren schon vollzog sich die Distanzierung des Nächsten über die Potenzierung medialer Dispositive und die Expansion der Kommunikationsideologie. Plätze und andere Orte spontaner Begegnung wurden immer stärker vom virtuellen Raum des Webs verdrängt. Die von der physischen Nähe des Anderen bestimmte Konfrontation – Quelle der Besorgnis, Vorbehalt von

Überraschungen, und eine Anlegestelle unerwarteter Ruhe – erlag dem sinnlichen Entzug des Nächsten.

»Soziale Distanzierung« verbannt den – infizierten, infektiösen, infizierbaren – Körper und überantwortet diesen der aseptischen und sterilen Virtualität. Eine Niederlage für all diejenigen, für die der Körper ein Ausbruch aus der technoliberalen Hegemonie ist. Der Körper wird vielmehr als Mangel und Entzug wahrgenommen – und zwar der des Anderen nicht weniger als der eigene. Der Kontakt ist in sich von Ansteckung kontaminiert.

In Remote-Verbindungen »unter Fernzugriff« zu leben und zu arbeiten, heißt, von Bildschirmen umgeben zu sein. Die Ambiguität des Bildschirms umfasst das gesamte immunitäre Paradigma: Während es beschützt, bewahrt und abschirmt, eröffnet es einen Zugang zur Welt. Niemand mehr betrachtet Bildschirme als einfache Oberflächen – gesetzt, dass das je in der Vergangenheit der Fall gewesen ist. Und zweifellos hat sich ihr Gebrauch während der Zeitspanne der Distanzierung vervielfältigt und diversifiziert – von Videokonferenzen bis hin zu »gemeinsam eingenommenen« Abendessen. Aber bis zu welchem Punkt lässt sich, wie es einige vorschlagen, tatsächlich von »Bildschirmerfahrungen« sprechen? Das Verhältnis zum Bildschirm ist nicht das zum Blick. Die digitale Erkundung besitzt weder die Sensibilität noch die Taktilität des organischen Sinnes. Das Auge nähert sich der Oberfläche unendlich nah an und bleibt doch Lichtjahre davon entfernt, in einem vom Körper unüberbrückbaren Raum befangen.

Das digitale Medium schiebt sich dazwischen, und während es zu kommunizieren erlaubt, trennt es. Die Annäherung ist stets eine Distanzierung. Gerade deshalb wird letztendlich das Medium als solches erhöht und fetischisiert. Dessen Vermittlung ermöglicht es, sich zu versichern, dass der andere verfügbar ist, ohne dabei von seiner Präsenz überfordert zu werden. Darin liegen die Vorteile und Bequemlichkeiten auch des »Fernunterrichts«, den sich einige schon zu preisen getraut haben.

Distanzierung ist der Kommunikationskodex für das immunitäre Zeitalter. Die McWelt, der riesige Netzraum, in dem ein jeder längst eine weitere Staatsbürgerschaft erworben hat, ist von aseptischen virtuellen Gemeinschaften durchsetzt. Erzwungene Nähe, zufällige und zeitweilige Synergien strömen aus Chats, Blogs und Social Networks, Gelenkstellen unserer zentrifugalen Wege durchs Web, die sich oft genug jäh verschließen und nur Leere hinterlassen. Daher die Abhängigkeit und der fiebrige Versuch, verbunden zu bleiben. Denn nichts und niemand garantiert, nicht ausgeschlossen und zurückgelassen zu werden, nicht auf den Halden der Technik zu landen. Aus dem retikulären Szenarium geht kein Wir der politischen Gemeinschaft hervor.

Psychische Pandemie

Fieber, trockener Husten – und vor allem Angst. Vor der Apotheke wird die Schlange von Tag zu Tag länger. Unmut und Ungeduld nehmen zu. Es scheint, als wären die wenigen angekommenen Masken schon wieder ausverkauft. Irgendeiner spricht geschwätzig in sein Telefon; ein anderer schert aus der Reihe aus, um mit einer nervösen Geste ins Innere des Geschäfts zu schielen. Jede Bewegung ist verdächtig, jede Unachtsamkeit Quelle der Beunruhigung. Der Nachbar ist Ansteckung, die Ansteckung benachbart. Die Einsamkeit der Metropole hat sich zu einer melancholischen Schlange aufgestaut, während hier und dort die alten Schatten der Konkurrenz emporsteigen. Keinerlei Anzeichen von Freundlichkeit oder Entgegenkommen. Es ist die Zeit aggressiver Mittelmäßigkeit. Wem es gelungen ist, die begehrte Ware zu ergattern, entfernt sich rasch wieder, in sich selbst gekehrt, in nervöser und gedankenloser Eile.

An die Stelle der anfänglichen Panik, die man auf den Balkonen austrieb, ist ein Gefühl von Wehmut, von erstaunter und bitterer Resignation getreten. Wie lange noch? Wann wird das ein Ende haben? Wer der Überzeugung war, dass es sich um eine normale Grippewelle handele, muss sich gegen seinen Willen eines Besseren besinnen. Abneigung, Frustration und Unbehagen skandieren den Alltag.

Während das Coronavirus den Körper trifft, ist die Pandemie auch ein psychischer Notfall. Davon ist in der öffentlichen Debatte nur wenig die Rede, beinahe als handelte sich um ein zu verdrängendes Tabu. Wer aber entscheidet darüber, was systemrelevant, was lebenswichtig ist? Jeder ist auf seine Fragilität und Sterblichkeit zurückgeworfen. Man muss sich am Leben halten, sich schützen, den Organismus verteidigen. Doch die Einschränkungen, die dazu bestimmt sind, Leben zu retten, haben zerstörende Auswirkungen auf die Existenz, paralysieren die zwischenmenschlichen Beziehungen und behindern die affektiven Kontakte. In einigen Fällen könnte die Ermangelung der Anderen sogar tödlich sein. Das Drama der Selbsttötungen ist an der Tagesordnung.

Das Risiko des massenweisen Hausarrests ist in einer psychischen Implosion unwägbaren Ausgangs zu suchen. Die Ängste vervielfachen sich: krank zu werden, die Arbeit zu verlieren, allein gelassen, intubiert zu werden. Der virale Schock erzeugt Traurigkeit, Wut, Reizbarkeit, Depression, Schlaflosigkeit. Der Jähzorn der Gewalt überrollt die Frauen. Es ist nicht gesagt, dass nur die an der Abriegelung leiden, die bereits zuvor psychische Probleme hatten. Die Existenz vieler hat sich von heute auf morgen gewandelt. Das Nichts scheint sie zu verschlucken. Die Arbeit, die gewohnten Beschäftigungen, die ganze frenetische Routine – alles unversehens unterbrochen. Freunde, Verwandte, Bekannte sind nur mehr entfernte Stimmen, von Bildschirmen gefilterte Gesichter. Die Technik lässt die Distanz weniger unerträglich werden, während der Unterschied zwischen ersehnter, gesuchter Einsamkeit und zwangsweiser Isolation immer greifbarer erscheint.

Es handelt sich um eine eingeklammerte, nur schwer auszuhaltende Existenz, die in der krampfhaften Erwartung verharrt, dass die Erwartung enden möge. Das Unbehagen verschärft und zieht sich hin – und das umso mehr, als sich bereits die Vorstellung verbreitet, dass die Lebensform nicht mehr dieselbe sein wird wie zuvor, dass sie zu modifizieren und vielleicht global zu reorganisieren ist.

Nicht alle verfügen über die Mittel, sich der Beklemmung einer eingeklammerten Existenz zu stellen, über die Fähigkeit, die Ängste zu verarbeiten. Der selbstgefälligen und eitlen Mode der Virustagebücher springt die Schar von Beratern, Influencern, und Pseudodenkern der letzten Stunde zu Seite, die ungefragt Ratschläge und billige Rezepte absondern.

Die sehnsuchtsvolle Existenz, die an den Fenstern der Quarantäne ohne die Droge des Dauerstresses ausharrt, langweilt sich mitunter einfach. Die Zeit bekommt eine quälende Dauer, eine farblose Weite und ist im Grunde nichts anderes mehr, als innere Ausdehnung, in der alles gleichgültig und sinnlos erscheint. An die Stelle von Geschäftigkeit und Zerstreuung ist eine flache Langeweile getreten, in der man nur die Zeit totschlägt. Das Virus fördert so zutage, was Philosophen Uneigentlichkeit nennen, das heißt das Fehlen eines Entwurfs. Man erliegt der Angst, der Welt beraubt zu werden, dem Überdruss, sein zerstreutes und geschäftiges Selbst nicht wiederzufinden. So gesehen ist die Langeweile nicht die Schwelle eines Erwachens, kein neues, auf die Existenz geworfenes Licht. Und mir kommen die Worte Walter Benjamins in den Sinn: »Die Langeweile ist der Traumvogel, der das Ei der Erfahrung ausbrütet. Das Rascheln im Blätterwalde vertreibt ihn. Seine Nester – die Tätigkeiten, die sich innig der Langeweile verbinden – sind in den Städten schon ausgestorben, verfallen auch auf dem Lande.«

Abriegelung und digitale Überwachung

In meinem Zimmer eingeschlossen lasse ich den Blick von einer Wand zur anderen wandern, und es ist vorgekommen, dass ich mich dabei gefragt habe, was der verspüren muss, der jeden Tag in Haft lebt, seinen beschränkten Raum mit anderen teilen muss und die auferlegte Zeit in ihrer Nacktheit erleidet. Das Gefängnis ist das zukunftslose Immergleiche, die eingesperrte Zeit. Wir sind auch gegenüber dem Unglück der anderen anästhetisiert – und das umso mehr, wenn es sich um Häftlinge handelt. Unser Blick auf sie ist der des Staates. Die Trostlosigkeit des Strafvollzugs darf nicht hindurchscheinen. Unsichtbarkeit und Verlassenheit sind Teil der Strafe. »Man sollte die Türen verschließen und die Schlüssel wegwerfen!« Solche Worte, die man immer häufiger hört, sind von einer selbstzufriedenen und rachsüchtigen Kälte getragen. Die sekuritäre Verrohung will mehr Mauern, mehr Stacheldraht, mehr Gefängnisse. Einige Moderate fordern indes weniger Überbelegung, mehr »Rechte«. Und man lässt die Angelegenheit auf sich beruhen. Recht im Gefängnis – ist das nicht ein innerer Widerspruch? Zwischen Promiskuität, Mangel an Therapien und dem Abbruch jeder Bindung »zu sitzen«, erfülle eine Wiedergutmachungs- und Korrekturfunktion. Wenn das nicht zuträfe (woran tatsächlich zu zweifeln ist), müsste man sich eingestehen, dass die Städte mit Fabriken einer aus der gemeinsamen Welt verstoßenen und aus der Bürgerschaft verbannten Sub-Humanität übersät sind. Zum Großteil handelt es sich um Arme, Arbeitslose, Immigranten, Nomaden, Prostituierte, Drogensüchtige.

Als in Italien die ersten Anti-Corona-Maßnahmen erlassen wurden, brachen in den Gefängnissen Revolten los. In Rom, Venedig, Rimini, Neapel. Nur wenige Bilder gingen über die Schirme: Aufstandsbekämpfungspolizei, mobile Einsatzkommandos, Drohnen, Tränengas. Man sagte, dass dreizehn Häftlinge gestorben seien, vielleicht auch fünfzehn. An Methadon, das sie in den Gefängnisapotheken erbeutet hatten. Keinerlei Verletzungsspuren am Körper. Dann wurde alles wieder vergessen. Wer im Gefängnis sitzt, ist nicht zuletzt auch dort, um keine Spuren zu hinterlassen.

Am 2. April 2020 wurde ungefähr die Hälfte der Erdbevölkerung, fast vier Milliarden Menschen, von ihren Regierungen gezwungen oder zumindest dazu aufgefordert, zu Hause zu bleiben. Die Maßnahmen, um die Verbreitung von Covid-19 einzudämmen, erstrecken sich auf Abschottung, Quarantäne, mitunter auf Ausgangssperren. Die überall retweetete Verordnung: #WirBleibenZuhause. Ein vollkommen beispielloses Vorkommnis.

Die Abriegelung ist eine neue, im Gebiet der Intimität errichtete Grenze. Nur für ein paar Monate? Dann hat man sich wohl damit abzufinden. Oder wird diese zu einer wirksamen Maßnahme für die allgemeine Sicherheit, die auch nach der Epidemie noch Bestand haben wird? Die massenhaften Hausarreste bedeuten eine einzigartige Unterbrechung, in der sich alles verlangsamt. Eine Arretierung der Zeit und eine inhaftierte Zeit, eine Metapher für ein in Wiederholungsschleifen gefangenes Zeitalter. Fabriken, Büros, Schulen, Universitäten, Geschäfte, Kaufhäuser, Cafés, Restaurants, Kinos, Theater, Stadien, sogar Kirchen, Synagogen, Moscheen – alles geschlossen. Begegnungen sind untersagt, Abendessen mit Freunden. Jeder steht allein vor einer großen Leere. Die Gemeinschaft scheint verloren. Der Applaus und die Gesänge auf den Balkonen, die unzähligen Liveschaltungen auf Instagram und Facebook sind nur vergebliche Versuche, die Gemeinschaft zu reproduzieren, improvisierte Riten, um die Trauer zu verarbeiten. Man trauert der verschwundenen *pólis* nach. Der öffentliche Raum hat sich zurückgezogen, womöglich bleibt von ihm nur der Anschein. Wird das zu einer weiteren Entpolitisierung des Lebens beitragen?

Die halbe Welt unter Hausarrest ist kein verallgemeinertes Gefängnis. Jeder Vergleich wäre vermessen. So streng die einschränkenden Maßnahmen und so bedrohlich die Panoptisierung der videoüberwachten, kontrollierten und patrouillierten Gesellschaft auch sein mögen, die Schwelle des Gefängnisses verschwindet nicht. Auf der einen Seite die Welt dort draußen, auf der anderen die weggesperrte. Dieser Unterschied bleibt bestehen.

Man stirbt infiziert; aber man kann auch abgeriegelt, distanziert und verlassen sterben ... Wäre es also besser, vorübergehend den Rettungsdienst des Digitalen in Anspruch zu nehmen? Contact tracing, Apps, um die Immunität nachzuweisen, Apps für die Selbstdiagnose, Thermokameras und Pulsoximeter, Radare für die Covid-Positiven, Plattformen für epidemiologische Daten und Diagnosetests. Wir werden rückverfolgt, überwacht und geolokalisiert werden. Teilweise sind wir das schon jetzt. Warum also nicht von dem digitalen Wind profitieren, der durch die immateriellen Kabel weht? Warum ihn im Wettlauf gegen das Coronavirus nicht freilassen? Digitale Kommunikation ist viral. Vielleicht könnte man Covid-19 zuvorkommen und die Infektion auf ihrem eigenen Terrain oder vielmehr: in ihrem Luftstrom besiegen.

Das ist die Entscheidung zwischen Abriegelung und digitaler Kontrolle, in ihrer ganzen Ambivalenz. Unterschiedliche Kulturen üben entscheidenden Einfluss auf sie aus. In den asiatischen Ländern sind die Erhebung personenbezogener Daten, die vollständige Erfassung der Bürger, mitunter sogar ihre Einschätzung und Bewertung mittlerweile üblich und gewohnt. In den europäischen Ländern wäre all dies undenkbar. Der Sinn für Kritik ist – insbesondere auf diesen Themenfeldern – stark ausgeprägt. Und doch ist es gegenüber dem brutalen Szenarium der Abriegelung, der Extremversion von Distanzierung, schwer, zu widerstehen.

Wie auch in anderen Bereichen, besitzt das Virus eine erhellende Kraft und zeigt das komplizierte Verhältnis zu den digitalen Dispositiven in einem neuen Licht. Einerseits könnten und wollten wir nicht mehr auf sie verzichten, denn das hieße, unserer virtuellen Kontakte beraubt zu werden, nicht mehr informiert zu sein, die McWelt zu verlassen; andererseits aber wollen wir auch nicht, dass sie zu einer beständigen Quelle dafür werden, überall nachverfolgt, in unserer Intimität ausgespäht und sogar in unseren Gesundheitspraktiken überwacht und beurteilt zu werden. Es fehlte indes nicht an Fällen, die Aufsehen erregt und zum Nachdenken angeregt haben. In Südkorea, wo die Infektionen digital nachverfolgt werden, wurden die Bewegungsprofile der infizierten Bürger bekannt gemacht, was diese der öffentlichen Demütigung aussetzte. In China wurde eine App entwickelt, die den Gesundheitszustand kontrolliert und daraufhin einen roten, grünen oder gelben Kode liefert, mit dem man dann die eigene Wohnung verlassen, sich zur Arbeit begeben, ein Geschäft oder ein Restaurant betreten kann – oder eben nicht.

Was trotz einer ersten traumatischen Erfahrung zur Gewohnheit wird, unterliegt der Gefahr, danach unbemerkt zu bleiben. Wie kann man dessen gewiss sein, dass digitale Maßnahmen, die im Moment vielleicht unabdingbar sind, nach Beendigung des Notfalls wieder zurückgenommen werden? Bis zu welchem Punkt werden die Regierungen ihren Nutzen daraus ziehen, um gar nicht erst von privaten Firmen zu sprechen?

Der Enthusiasmus für Transparenz ist in einer Zeit nachvollziehbar, in der das gegenseitige Vertrauen durch die Distanzierung auf eine harte Probe gestellt wird und die generalisierte Rückverfolgung die verlorene Nähe zu kompensieren scheint. Doch die Transparenz setzt eine Ordnung der permanenten Sichtbarkeit ein, in der ein jeder einer potenziellen Inquisition unterzogen wird. Wer weiß, welches Wort, welche Geste, welche Bewegung eines Tages die Spur eines gegen uns gerichteten Anklagepunktes abgeben können, der bereits über unseren Köpfen schwebt. Wird uns das Coronavirus beschleunigt in das Zeitalter der digitalen Psychopolitik befördern?

Die Überwachung des Netzes, jenes gigantische Kanalsystem, in dem jeder einzelne von einem riesigen unsichtbaren Auge hinter dem Bildschirm ausgespäht wird, ist die letzte Version des Panoptikums. Nur, dass man hier akzeptiert, in die Transparenz verbannt zu werden – und zwar bereitwillig.

Unbarmherzigkeit des Wachstums

Am Nachmittag des 8. März, als Italien noch nicht zur roten Zone erklärt worden war und Krankenhauseinlieferungen aufgrund von Covid-19 dennoch bereits exponentiell anstiegen, erreichte mich auf Whatsapp die verzweifelte Nachricht einer Kardiologin, die von der Intensivstation eines Mailänder Krankenhauses aus in allen Einzelheiten die dramatische dortige Situation skizzierte und in verbittertem Ton die schreckliche Aufgabe beschrieb, auszuwählen, wem man eine »höhere Lebenserwartung« zumaß.

Die Beatmungsgeräte reichten nicht aus – nicht für alle. Wer bereits fortgeschrittenen Alters war und andere Erkrankungen hatte, wurde bei Ankunft in der Notaufnahme gemäß den Kriterien der »klinischen Ethik« aussortiert. Dies geschah auch anderswo in Europa. Und umso häufiger in den USA. Anfangs schien die öffentliche Meinung abgeneigt, dem Glauben zu schenken. Sodann wandelte sich die Ungläubigkeit zu tiefer Empörung. Denn damit traten die verheerenden Auswirkungen des Neoliberalismus auf das öffentliche Gesundheitswesen zutage.

Es war dies ein weiterer symbolischer Schock, der den ersten noch verstärkte, indem er das Gefühl der Allmacht noch tiefer verletzte. Die Verdrängung der effektiven Risiken, ein Mangel an Prävention sowie die enttäuschte

Zuversicht, Kranke auch in Notfallsituationen schützen zu können, haben zu einer Paralyse der Gesundheitssysteme in etlichen westlichen Ländern geführt. Darin ist das Symptom einer Politik zu sehen, die glaubte, dank des Funktionierens eines global vernetzten Marktes und seiner architektonischen Organisation vor jedem unvorhergesehenen Zwischenfall gefeit zu sein. So überwog der private Überschussgewinn das öffentliche Gut der Gesundheit; die Interessen der Pharmakonzerne, die Macht der Gesundheitsbranche, das Geschäft der Produzenten medizinischer Güter genossen Vorrang vor dem Leben der Bürger.

Das Fehlen von Therapieplätzen und medizinischem Personal, um ausreichend schnell reagieren zu können, das hier und dort ventilierte Modell der »Herdenimmunität«, die systematische Leugnung der Pandemie sind unterschiedliche – und sicherlich nicht unmittelbar vergleichbare – Aspekte einer Unbarmherzigkeit des Kapitalismus, der dieses Mal sein heimtückischstes und abstoßendstes Gesicht zeigt. Es bleibt dennoch möglich, dass diese Gesundheitskrise – vorausgesetzt, dass die Pandemiegefahr im allgemeinen Bewusstsein bleibt – die Chance bedeutet, erneut den Kampf nicht nur für die öffentliche Gesundheit, sondern auch für den Erhalt der Umwelt und der Biodiversität aufzunehmen. Die Zoonosen, jene Infektionskrankheiten, die von Tieren auf Menschen übertragen werden, sind nicht das Ergebnis eines Fluchs oder das Resultat einer Naturkatastrophe, sondern Anzeichen eines nahezu vollständig zerstörten Ökosystems.

Nicht selten wird die Pandemie des Coronavirus mit Ereignissen verglichen, die in der Vergangenheit die Geschichte der Menschheit erschütterten, mitunter sogar mit dem Erdbeben von Lissabon 1755. Noch häufiger wird an die Pestzeit des »Schwarzen Todes« 1348 oder an die Spanische Grippe erinnert, der zwischen 1918 und 1920 Millionen von Menschen zum Opfer fielen. Ohne mögliche Gemeinsamkeiten zu vernachlässigen, muss dennoch hervorgehoben werden, dass die aktuelle, in einer globalisierten Welt ausgebrochene Pandemie beispiellos ist, schon allein aufgrund der Schnelligkeit der Ansteckung, die nicht nur der Aggressivität des Virus, sondern auch der beschleunigten weltumspannenden Zirkulation geschuldet ist. Auch dessen Verbreitung ist daher anders: Kein geographisches Gebiet bleibt verschont.

Entscheidend ist die symbolische Bedeutung des Schocks, der sich unausweichlich auf eine ihrerseits beispiellose ökonomische Krise auswirkt. Der Internationale Währungsfond erklärte: »Noch nie haben wir die Weltwirtschaft in dieser Art zum Erliegen kommen sehen«. Mögliche Szenarien sind unschwer vorherzusagen: Rezession, der Ruin vieler, irreversibles Elend für die schon jetzt Armen, Hungersnöte in afrikanischen Ländern. Tausende und Abertausende

Migranten werden erneut ihr Glück versuchen, um das Meer zu überqueren und in europäischen Häfen von Bord zu gehen.

Auch wenn es seltsam erscheinen mag, stellt gerade die schwarze Pest von 1348 einen Bezugspunkt für die Reflexion dar. Warum so weit in der Zeit zurückgehen? Auch jene schreckliche Epidemie markierte ein Davor und ein Danach in der Geschichte. Aus den erhaltenen Erzählungen und Chroniken klingt das Gefühl der Überlebenden heraus, in ein anderes Zeitalter eingetreten zu sein. Der Himmel verschloss sich über dem vergangenen. Wer von der Apokalypse eines ekelerregenden und grausamen Todes verschont geblieben war, der Millionen von Opfern – ein Drittel der europäischen Bevölkerung – gefordert hatte, klammerte sich mit ungewöhnlichem Elan und fieberhafter Vehemenz ans Leben.

Aus dieser ersten städtischen Epidemie ging die zivile und politische Welt der Renaissance hervor. Der neue Anfang setzte jedoch auch die ansteckende Wirkung der Bereicherung ein – Wohlstand und Profit gewannen an Bedeutung. Für viele war es ein Abschied nicht nur vom bäuerlichen Lebensstil und der agrarischen Welt, in der sie sich den Unwettern ausgesetzt sahen, sondern auch von natürlichem Wachstum, von der Erwartung der Jahreszeiten, vom einfachen Reproduktionszyklus. An die Stelle von Geduld und Resignation traten Wagemut und Risikobereitschaft.

Seefahrer aus Genua und venezianische Händler eröffneten das Zeitalter der europäischen Expansion, der unternehmerischen Moderne, die auf der Suche nach dem Möglichen, dem Unmöglichen, vor allem aber dem Gewinnbringenden, Richtung Übersee auslief. Die ersten Banken, Akkumulation des Kapitals. Ebenso wie jener Salto Mortale über das Meer, sollte auch der unmittelbare Profit, der auf magische Weise verdreifachte, ja verzehnfachte Überschussgewinn, das Leben in einen Traum verwandeln.

Der große europäische und sodann westliche Traum der Globalisierung dauerte jahrhundertlang fort. So lange, bis die Albträume zunahmen. Der Profit erwies sich nicht nur als das Siegel von Ungerechtigkeit und als Bürgschaft für die Armut der Meisten, sondern auch als eine Sackgasse der Atemlosigkeit. Aufgrund eines sonderbaren Paradoxes, auf das bereits mehrfach hingewiesen wurde, spricht man heute von »Wachstum« nicht, um Eigenschaften der Welt und ihrer Kultivierung zu bezeichnen, sondern Profit und Überschussgewinne. Es kann daher nicht verwundern, dass der Begriff »Wachstum« mittlerweile negative Konnotationen mit sich führt und – mehr noch als auf das Bruttoinlandsprodukt – auf all das verweist, was vermieden werden sollte: das Anwachsen unerlaubter Gewinne, von Müll und Abfällen, von Unwohlsein und Vergiftungen, von Missbrauch und Diskriminierung. Das heißt nicht, für eine simple Wachstumskritik einzutreten. Vielleicht ist es an der Zeit, die Sprache von Bilanzen und Kalkülen ganz aufzugeben und die Fahne des Wachstums, an die niemand mehr so recht zu glauben vermag, einzuholen. Es ist das Kapital, das Elend produziert. Im Rahmen eines Szenariums, in dem die anderen Reichtümer ihres Sinnes entleert wurden, zeichnet sich die Zukunft einer maßvollen und von Überflüssigem befreiten Einfachheit ab, welche die anderweitig vergessenen Bindungen der Existenz ans Licht bringt.

Als Mahnung und Vorahnung des europäischen Gedächtnisses müsste die schwarze Pest lehren, dass es stets möglich bleibt, die Lebensformen neu auszugestalten, dass es nottut, sich zu fragen, wofür man in Zukunft leben will, dass es unentbehrlich ist, jene letzten Grenzen ins Auge zu fassen, von denen zu träumen wir verlernt haben.

Der Lockdown der Opfer

Es ist die Nacht des 18. März, als ein Flugbegleiter von seinem Balkon aus eine lange Kolonne von Militärfahrzeugen aufnimmt, die den Friedhof von Bergamo verlassen, um die Särge der Verstorbenen in andere Städte zu verbringen. Das dortige Krematorium kann nicht mehr alle Leichname verbrennen. Die Scheinwerfer der Lastwagen blinken, wie um sich zu entschuldigen, wie um jene Aufgabe zu beklagen, jene Verpflichtung, die sie sich niemals hätten vorstellen können. Das Video verbreitet sich in wenigen Stunden im Web und löst in Italien ein tiefes Trauma aus. Es sind Bilder, die aus dem Dunkel der kriegerischen Vergangenheit aufzusteigen scheinen, aus einer nie geschlossenen Wunde. Und es sind Bilder eines vorenthaltenen Rechts: des kollektiven Ritus des Abschiednehmens.

Wenige Tage später veröffentlicht die New York Times einige Fotos von Fabio Bucciarelli, die vollständige Serie erscheint sodann in der Wochenzeitschrift L'Espresso. Es handelt sich um Fragmente einer Nacht in der lombardischen Provinz. Doch in diesem bewegenden und beklemmenden Kaleidoskop, in dieser Wechselfolge von verlorenen Blicken, wirren Momenten und gespenstischen Szenen, erkennen sich all diejenigen wieder, die – von China bis Spanien – dasselbe Drama durchlebt haben.

Wie man an Covid-19 stirbt. Die Sirenen der Kranken-

wagen rufen bei den Ältesten die Erinnerung an jene Sirenen wach, die während des Zweiten Weltkrieges die Bombenangriffe ankündigten. Krankenpfleger und Freiwillige tragen Schutzanzüge und Masken. Der Anblick ist beunruhigend. Menschlichkeit scheint allein in den Gesten und den noch unbedeckten Falten des Gesichts hindurch. Sie kommen, um die Kinder von den Eltern zu trennen. Es geht eine ganze Generation davon, die, die das Gedächtnis bewahrte. Die Nachbarn nehmen gebrochen und behutsam Anteil. Das Virus verzeiht nicht. Alles beginnt mit einem allgemeinen Unwohlsein und einem trockenen Husten, der als Symptom einer beliebigen Grippe genommen werden könnte. Aber dem ist nicht so. Das Virus trügt und täuscht. Die Atemnot nimmt zu, die Atemzüge werden schneller und oberflächlicher. Die bläulichen Lippen sind Anzeichen von Hypoxämie, von Sauerstoffmangel. Dieses Gut war in Vergessenheit geraten, verborgen unter so vielen anderen Konsumgütern, die alles andere als notwendig sind.

Das alltägliche Leben wird von den Photographien in den langen Augenblicken der Loslösung eingefangen. Die umgebenden Gegenstände, ein Spiegel, eine Lampe, eine Wandkonsole voller Erinnerungen, scheinen ihren Sinn zu verlieren. Einige weigern sich, fortzugehen – besser, zu Hause zu sterben. Andere lassen sich in jene entscheidende Schlacht forttragen. Die Angehörigen bleiben zurück, das Virus hält sie auf Abstand – zerrissen von Schuldgefühlen: Eine Mutter so gehen zu lassen, um alleine zu sterben. Der Rettungswagen eilt in das mit Infizierten überfüllte Krankenhaus. Es kann sich glücklich schätzen, wer überhaupt *eingeliefert wird. Auf den Intensivstationen sind die Plätze denjenigen Coronavirus-Patienten vorbehalten, die eine »höhere Überlebenschance« haben. Die Ältesten werden nicht reanimiert; sie werden sich selbst überlassen. In einigen Fällen wird der Tod erst Stunden später festgestellt. Man stirbt allein. In einer Einsamkeit, die anders ist als die, welche die letzten Momente wohl stets begleitet. Das Virus isoliert bereits zuvor. Man kämpft damit, intubiert zu atmen, an Maschinen angeschlossen, der Kopf steckt in einem durchsichtigen Plastikbehältnis. Ohne Angehörige und Freunde um einen herum. Nicht einmal die Andeutung eines letzten Grußes, das Simulakrum eines Abschieds. Auf dem Bildschirm eines Tablets gleitet ein gerührter Schatten hinfort. Die Einsamkeit ist eisig und erstickend. Pfleger und Ärzte machen sich um einen herum zu schaffen, eifrig, aufmerksam, unerschöpflich. Und alle sind gleich, eingehüllt, geschützt, abgeschirmt. Engel des Lebens, Engel des Todes, die schließlich kapitulieren müssen.*

Die Leichenhallen der Krankenhäuser reichen nicht mehr aus, um die Bahren aufzunehmen. Der religiöse Ritus ist auf wenige Gesten, rasch geflüsterte Gebete beschränkt. Beerdigungen sind verboten. Sogar der Friedhof ist versperrt. Die Körper erhalten nicht die fromme Sorgfalt, die einem unvordenklichen Kult entstammt. Sie werden mit dem eingeäschert, was sie im Augenblick ihres Ablebens am Leib trugen, eingehüllt in einen keimtötenden Stoff. Die Bürokratie erhöht die Effizienz, die Todesurkunden sind schnell ausgestellt. Es werden zugleich fünf oder sechs Bahren aufgeladen. Niemand begleitet sie. Auch Blumen gibt es keine, die Floristen haben geschlossen. Die Militärlaster fahren an. Die finsteren Trauerzüge wiederholen sich auf Autobahnen, Zubringern und Umgehungsstraßen, von Polizeistreifen eskortiert. Die Toten sollen die Stadt der Lebenden nicht stören. Aber unter den Planen in Tarnfarben liegen der Tabakhändler, die pensionierte Lehrerin, der Armenpriester, der Nachtwächter, die Drogistin, die Frau aus dem dritten Stock, ein altes, gemeinsam gestorbenes Ehepaar. Kleine, große Geschichten aus der Provinz, die auf einmal von einer Geschichte ausgelöscht werden, die in der letzten Zeit einen apokalyptischen Gang genommen hat. So endet alles. Den Angehörigen wird die Asche übergeben. Ein Risiko ist es hingegen, das Plastiksäckchen mit den persönlichen Gegenständen auszuhändigen: ein paar Hausschuhe, eine Gebäckdose, eine Uhr.

Mehr oder weniger stillschweigend wurde der Tod seit jeher als eine Ansteckung betrachtet. Die Lebenden weichen ihm aus. Das bezeugen unzählige Pesterzählungen aus den vergangenen Jahrhunderten. Schon Thukydides berichtete davon. Doch heute stellt der Tod eine solche Gefahr für das Leben dar, dass er endgültig in die Backstage-Bereiche hinter der öffentlichen Bühne zu verschwinden hat. Es handelt sich nicht so sehr um eine existenzielle Verdrängung als vielmehr um eine politische Negation.

In der gegenwärtigen antibakteriellen Kultur muss der Tod gereinigt, desinfiziert, sterilisiert werden – das geht bis zu seiner Leugnung und Negierung. Eben so, wie man auch mit Atommüll und bakteriell verseuchten Abfällen verfährt. Das ihn jetzt ein unbekanntes Virus bringt, lässt das nur anschaulicher und überdeutlich sichtbar werden. Die Gefahr läge in einem kurz entschlossenen Lockdown der Opfer.

Die Massengräber, die hier und dort von Drohnen entdeckt werden, sind ein vielsagender Beleg dafür. Was daran beunruhigt und anwidert, ist nicht nur die furchtbar aseptische und unbarmherzig zeitsparende Modalität der Bestattung, sondern die nachhaltige Säuberung der Städte vom Tod. So war es in New York zu beobachten, wo die Leichen der Namen-, Familien- und Geldlosen auf Hart Island abgeladen werden, der düsteren kleinen Insel östlich der Bronx. Während die Infektion voranschreitet, werden die Toten in den Leichenhäusern nicht mehr gezählt, und die Friedhöfe sind voll. Man muss also in aller Schnelle die Körper derjenigen loswerden, die sich ohnehin kein Begräbnis hätten leisten können, die Armen, die schon dazu vorherbestimmt waren, schlecht zu sterben. Diese Praxis war auf der »Insel der Toten« bereits seit langem Usus, doch die Pandemie rückt sie ins Rampenlicht.

Ähnlich gelagert ist der Fall der Alten, die aus den Pflegeheimen buchstäblich verschwunden sind. Man weiß nicht, wie viele genau verstorben sind. Tausende. Es wird nie möglich sein, eine genaue Aufstellung zu erhalten. Aber hinter diesen Zahlen, Grafiken und Tabellen steht eine ganze Generation, die ausgelöscht wird. Sie sind einfach so verschwunden, oft hat man sie ohne jede Therapie einfach sterben lassen, vom Virus hinweggemäht, der sich an abgeschlossenen Orten – in Anstalten, Klöstern, Gefängnissen – ungehindert ausbreiten konnte.

Im Übrigen spricht man mit einem schönfärbenden Ausdruck von einem »Pflegeheim« [ital. »casa di riposo«, wörtlich »Haus der Ruhe«], der mitunter von irgendeiner Abkürzung weiter abgemildert wird – ein großer, dem dritten Alter vorbehaltener Parkplatz. Man kämpft darum, das Leben zu verlängern, weiß dann aber auch nicht recht, was mit dem Alter und den Alten anzufangen ist, befreit vom einstmaligen Ansehen, auf Ballast reduziert. Das »Pflegeheim« hat nichts Erholendes an sich; es ist vielmehr ein Vakuum, in dem das Alter bereits vor dem Tod abgesondert und liquidiert wird. Man diskriminiert das Alter wie man den Tod diskriminiert.

In der Vergangenheit gehörte der Tod in den öffentlichen Raum. Noch bis vor wenigen Jahrzehnten fuhr der Leichenwagen in den südlichen Städten die Hauptstraße entlang, zwischen geschlossenen Schaufenstern und den simultanen Gesten derer, die zum Zeichen des Respekts vor der Majestät des Todes die Hüte abnahmen. Jetzt hat die Distanzierung den Scheitelpunkt erreicht und wird regelrechte Trennung. Man stirbt anonym in Kliniken, wo der Sterbende schon im Voraus abgesondert wird. Das Sterben fügt sich in den wirtschaftlichen Produktionszyklus. Durch die technischen Dispositive und narkotisierenden Pharmazeutika entzieht sich dem Sterbenden die Erfahrung des Todes – aber im Grunde auch dem Überlebenden. Die Eklipse des Todes wurde institutionalisiert.

Das öffentliche Leben will von dieser unheilbaren Abnormität, von dieser undenkbaren Anomalie nicht gestört werden. Es war insbesondere Heidegger, der vor der immer wiederkehrenden und alltäglichen Art und Weise warnte, den Tod zu verdrängen, das heißt dem Gedanken daran auszuweichen und dem Gerede zu folgen, das ihn als ein ewiges »Noch-nicht« erscheinen lässt. Man stirbt, aber niemand stirbt. Er betrifft die anderen – und nicht mich selbst. Darin liegt das Missverständnis des spektakularisierten Todes, der zu schlichtem Schein geworden ist.

Diese Verdrängung verschärft und verfestigt sich noch mit jener vollständigen Trennung, die sich im Spätkapitalismus vollzieht. Die Toten hören auf, zu existieren. Sie werden verfemt, verstoßen und so weit wie möglich aus dem Stadtzentrum verdrängt, in eine Grabstätte mit Ablaufdatum oder eine Urne. Die einsame Einäscherung ist der Gipfel dezenter Liquidierung, die vollendete Entweihung. Es herrscht Totenstille. Man spricht nicht mehr darüber. Das Leben muss vom Tod bereinigt werden. Das Wohlbefinden der anderen, der Lebenden, darf vom Tod – obszön, widerwärtig, nicht präsentierbar – nicht getrübt und verdorben werden. Jene Gemeinsamkeit, die zuvor im Kult der Toten und in Trauerriten ihren Ausdruck fand, gerät außer Gebrauch, verlöscht.

Der Versuch, dem Tod ein Ende zu machen, ihn verschwinden zu lassen und auszulöschen, bildet einen Charakterzug des Kapitalismus, seines Zwanges zum Wachstum, seiner Logik der Akkumulation. Byung-Chul Han drückt es in seinem kürzlich erschienenen Essay *Vom Verschwinden der Rituale* so aus: »Das Kapital arbeitet gegen den Tod als absoluten Verlust«. Auf diese Weise imaginiert man, die Überlebensfähigkeit zu steigern und sich gegen den Tod zu immunisieren. Mehr Kapital ist weniger Tod – in einem epischen Konflikt, einem Endgefecht, das vom transhumanen Traum der Unsterblichkeit bestimmt wird. Aber in seinem Wahn, ein a-deletäres Leben zu erreichen, erreicht der Kapitalismus schließlich das Gegenteil. Wenn es keine Fabriken mehr gibt, ist die Arbeit überall; wenn der Tod verschwindet und die Körper wie kontaminierende Abfallstoffe behandelt werden, wird die Stadt zu einer Nekropole, zu einem aseptischen und sterilen Raum des Todes.

Die Geschichte sollte uns lehren, dass der Angriff auf die Würde des Todes die gesamte Gemeinschaft untergräbt, die Trauerarbeit verhindert und das Gedächtnis versagen lässt. Die Unmöglichkeit, die Vergangenheit aufarbeiten oder gar bewältigen zu können, suspendiert die Gegenwart und versperrt die Zukunft. Die Abschiedsgesten des Einzelnen wie die kollektiven Riten des Verlustes sind daher unentbehrlich. Wenn der Tod auch irreversibel ist, erschöpft er sich jedoch nicht in Negativität. Auch für die Nicht-Gläubigen stellt die »Erlösung« des Todes des Anderen eine Aufgabe dar. Wer überlebt, ist dazu aufgerufen, zu antworten – er besitzt eine Verantwortung, die über die ihn plagenden Schuldgefühle und die Verpflichtung der Ehrerbietung hinausgeht. Mit dem Tod des Anderen endet auch dessen einzigartige und unersetzbare Welt – die auch ein wenig die meine, die auch ein wenig die unsere war. Weltverlust, Gedächtnisverlust. Diese Distanzierung darf nicht zum summarischen Resultat eines Lockdown der Opfer führen, wenn man nicht eine gespenstische Trauer will, einen endlosen Verlust.

Die Atemkatastrophe. Unversehrt?

Vielleicht kommen wir mit einem Immunitätszeugnis, das unsere Antikörper attestiert, aus dieser Situation heraus. Wir werden uns an ausgeklügelte Thermoscanner und engmaschige Netze der Videoüberwachung gewöhnen und an sterilisierten Orten und Nicht-Orten den Sicherheitsabstand einhalten, uns vorsichtig und argwöhnisch umblicken. Die Masken werden uns nicht dabei helfen, die Freunde zu erkennen und von ihnen wiedererkannt zu werden. Noch lange werden wir fortfahren, allerorten Asymptomatische auszumachen, die ahnungslos die ungreifbare Gefahr der Ansteckung in sich tragen. Vielleicht wird das Virus sich schon aus der Luft zurückgezogen haben, wird verschwunden und vertrieben sein. Doch sein Gespenst wird lange umherziehen. Und wir werden einen kurzen Atem haben, Atemnot.

Wir werden von jenem epochalen Ereignis erzählen können, das wir selbst durchlebt haben. Wir werden dies als Überlebende tun – und uns womöglich der Risiken nicht bewusst sein, die das in sich birgt. Nicht nur wegen der Fallen der Verdrängung; und auch nicht allein wegen der Aufgabe, die das Leben hat, jenes Leben, das nicht mehr ist, mit sich zu nehmen und es in endloser Trauerarbeit zu erlösen und zu entschädigen. Zu überleben, kann berauschend und erhebend wirken. Es kann zu einer Art von Lust werden, zu einer Befriedigung, und sogar für ei-

nen Triumph gehalten werden. Wer weiterlebt und dem Schicksal entging, das über den anderen hereingebrochen ist, fühlt sich privilegiert, begünstigt. Dieses Gefühl der Stärke überwiegt, wie Canetti beobachtet hat, sogar den Kummer. Als hätte man sich gut bewährt und wäre jetzt gewissermaßen besser. Ist die Gefahr gebannt, hat man den wunderbaren und erregenden Eindruck, unverwundbar zu sein. Gerade diese Stärke des Überlebenden, seine erneuerte Unverletzlichkeit, könnte sich als ein Bumerang erweisen, als ein rückwirkender Schaden, der ihn Glauben macht, auch in Zukunft unversehrt bleiben zu können.

Wir werden also wohlbehalten überlebt haben, immun und immunisiert, vielleicht bereits geimpft, immer geschützter und abgesicherter, im Kampf um Entschädigung und Unversehrtheit. Wir werden eine gewisse Widerstandsfähigkeit zelebrieren und die Grenze zwischen politischem Kampf und immunitärer Reaktivität im Undeutlichen belassen. Wir werden uns nicht für einen dem Konflikt entronnenen Heimkehrer halten können, weil wir – auch wenn der militärische Jargon das Medienecho bestimmt hat – wissen, dass wir nicht im Krieg waren. Sich das, was geschehen ist, so vorzustellen, wäre die Wiederholung eines Fehlers, ein Hindernis für jedwede Reflexion. Es war kein Krieg – und keiner hat ihn gewonnen. Viele wurden überwältigt, ohne kämpfen zu können; viele haben alles verloren, Integrität und Besitz. Gerade die, die ohnehin weniger als andere besaßen, die Ungeschützten, Ausgesetzten.

Unversehrt aus dieser präzedenzlosen und entsetzlichen Atemkatastrophe herausgekommen zu sein, berechtigt nicht zu dem Glauben, unberührt und für den Schaden unerreichbar zu sein. Unversehrtheit rettet nicht. Und Immunität, nicht nur ein Erfolg, verkehrt sich in ihr Gegenteil. Wie wenn sich das Heilmittel als Gift erweist. Deshalb schlägt der Versuch fehl, den Schaden zu jedem Preis vermeiden, das Unkalkulierbare berechnen, Hyperdefensiven errichten zu wollen. Der Organismus, der in der Absicht, die eigene Unversehrtheit zu schützen, die Truppe seiner Antikörper patrouillieren lässt, unterliegt der Gefahr der Selbstzerstörung. Das zeigen die Autoimmunerkrankungen. Also hat man sich vor dem Schutz zu schützen. Und vor dem Phantasma absoluter Immunisierung.

Der Atem bildete seit je das Symbol der Existenz, deren Metonymie und Siegel. Existieren heißt atmen. Nichts wäre natürlicher, nichts sinnbildlicher. Trotzdem ist der Atem schon seit dem letzten Jahrhundert eine systematisch ausgewählte Zielscheibe. Man denke an den immer weiträumigeren und höher entwickelten Einsatz von Giftgas: vom Chlorgas an den Fronten des Ersten Weltkriegs bis zum Cyanwasserstoff in den Konzentrationslagern, von der radioaktiven Verseuchung bis zu chemischen Waffen. Auch danach machten die Wissenschaft der toxischen Wolken und die Theorie der irrespirablen Räume wie es scheint Fortschritte. Und zwar bis dahin, dass man, wie Peter Sloterdijk vorgeschlagen hat, von einem regelrechten »Atmoterrorismus« sprechen kann, insofern man nicht mehr den ausgemachten Feind ins Visier nimmt, sondern die Atmosphäre, in der er lebt – keine direkten Schüsse mehr und auch keine offenkundigen Verantwortlichkeiten. Wer stirbt, fällt unter dem eigenen Impuls, zu atmen. Wem wird die Schuld dafür zuzuschreiben sein? Die Manipulation der Luft setzte dem Privileg ein Ende, das die Menschen vor dieser Zäsur im 20. Jahrhundert genossen: atmen zu können, ohne sich um die sie umgebende Atmosphäre Gedanken zu machen.

Nicht zufällig reagierte die Literatur mit Sorge auf diese Entwicklung. Es war Hermann Broch, der durchschaute, dass der Atem nicht mehr natürlich sein sollte und dass die menschliche Gemeinschaft – während die Luft zu einem Schlachtfeld werde – an den gegen sich selbst eingesetzten Giften ersticken würde. Der ins Innere gerichtete Atmoterrorismus zeigte bereits selbstmörderische Züge. In seinem Essay *Der Meridian* feierte Paul Celan den Atem, prangerte seine Vernichtung an, sammelte und artikulierte das Röcheln der Opfer und verlegte dessen Befreiung in die Dichtung, die er *Atemwende* nannte.

Niemand hätte sich diese von einem Virus ausgelöste Atemkatastrophe vorstellen können, die sich jedoch vor dem Hintergrund einer beunruhigenden

Kontinuität abzuzeichnen schien. Die Luft hat seit langem ihre Unschuld verloren. Und nach dem Treibhauseffekt ist der Hauch der Existenz weder frei noch natürlich. Heimatlosigkeit bedeutet auch dies: dass die von mikrobischen Konkurrenten durchsetzte Atmosphäre unbewohnbar und unatembar geworden ist. Ein Zusammenleben drängt sich auf. Und in genau diesem Kontext entdecken die neuen Wissenschaften die Immunsysteme.

Das Misstrauen nimmt zu, der Verdacht wächst. Wenn man nicht in Vakuumräumen leben kann, muss man in einer kontaminierten, infizierten und vergifteten Umwelt leben. Um akzeptable Bedingungen zu schaffen, muss sich der Organismus einem permanenten Wachen verschreiben, einer schlaflosen Überwachung. Viren und Bakterien sind unter uns. Diese neuen und aggressiven Mitbewohner dringen bis in die Intimität vor, belagern das alte Zuhause, wo sie sich einzunisten versuchen. Die Hygienegesellschaft sammelt sich, und Immunität wird zur Ideologie. Die obsessive Selbstsorge und die beständige Medikalisierung sind ein Spiegel der selektiven Abschließung, der überzeugten Verweigerung von Partizipation, der störrischen Konservierung. Die Immunsysteme sind die Sicherheitsdienste, die auf die Abwehr von unsichtbaren Invasoren spezialisiert sind wie den migrierenden Viren, die Okkupationsansprüche auf denselben biologischen Raum erheben. Die Fata Morgana der Immunität geht mit der Globalisierung Hand in Hand.

Es handelt sich nicht bloß um anspielungsreiche Metaphern. Die Errichtung der Immunität – auf die nicht zufällig die Philosophie, angefangen bei Jacques Derrida, seit Neuerem reflektiert – geht weit über biochemische oder medizinische Kategorien hinaus und weist eindeutig politische, rechtliche, religiöse und psychische Züge auf.

Auf dem epidemischen Globus ist die Biopolitik weit davon entfernt, an Bedeutung und Relevanz einzubüßen, ja sie hat sich zur Immunpolitik potenziert. Die latente Katastrophe, die die ersten Jahrzehnte des neuen Jahrhunderts durchzieht und verängstigt, ist jedoch kein einfaches Risiko, das der gouvernementalen Risikoabschätzung unterstünde. Ihre Reichweite ist nicht zu minimieren, ihre Intensität und Verbreitung nicht zu verharmlosen. Die Katastrophe ist unregierbar und rückt die Grenzen der neoliberalen Governance ins Licht. Es handelt sich um eine Unterbrechung, die in den Gang der Geschichte einschneidet, die Existenz erschüttert, die Habitat, Gewohnheiten, Wohnung und das Zusammenwohnen verändert. Sie trägt die Färbung des Irreversiblen und den Stempel des Irreparablen. Nichts wird mehr sein wie zuvor. Die Welt von gestern erscheint als die einer weit zurückliegenden, entschwundenen und kollabierten Vergangenheit.

In der unpoetischen und trostlosen Gegenwart wird der Atem überwältigt.

Aber anstatt in eine katastrophische Beziehung zur Katastrophe zu verfallen, sind die Bedürfnisse ins Auge zu fassen, die die Pandemie zutage gefördert hat. Es handelt sich nicht um einen Kampf um Grenzen, der sich zwischen Virus und Antikörpern des menschlichen Organismus einstellt, in dem das Selbst und das Fremde in einem verwickelten Spiel miteinander verbunden sind; das Immunsystem, das mit seinen Streifen und seinen Schutztruppen eingreift, läuft Gefahr, allzu gründlich zu verfahren. In der Absicht, den Anderen auszuschalten, tötet sich das Selbst schließlich selbst oder setzt sich Autoimmunerkrankungen aus. Das identitäre und souveränistische Selbst kommt nicht gut allein zurecht; auch weil es eine Integrität und Unversehrtheit unterstellt, die nicht existieren: In seinem Inneren ereignen sich stets Mikrokonflikte und Kleinkriege. Die sogenannte »minimale Infektionsdosis« ist unentbehrlich. Um zu funktionieren, müssen die Antikörper den Part der Fremden spielen, ohne die stolzen Einheimischen hervorzukehren, und sich in dieser Rolle – das Theater kann helfen! – als ansässige Fremde wiedererkennen. Das wird Rettung und Gesundheit bedeuten. Polizeiliche Abwehr ist auch hier nicht von Nutzen.

Es wird vonnöten sein, mit diesem Virus – und vielleicht auch mit anderen – zusammenzuwohnen. Das aber bedeutet ein Zusammenwohnen mit dem Rest des Lebens in komplexen Umwelten, die sich überlagern, kreuzen und begegnen, im Zeichen einer neu entdeckten und artikulierten gemeinsamen Verletzlichkeit.